21世纪高等职业教育计算机系列规划教材

计算机应用基础实训指导

陈 芷 主编

王 建 刘永胜 乐 颖 王 霞 副主编

刘永胜 主审

電子工業出版社

Publishing House of Electronics Industry

北京 • BEIJING

内 容 简 介

本书是与《计算机应用基础》配套的实训指导，全书共分为 5 章，分别对 Windows XP、Word 2003、Excel 2003、PowerPoint 2003、IE 6.0 与 Outlook 2003 进行项目训练，并附有模拟测试题及答案详解。本书是项目化课程开发的成果，采用项目引领的方式将知识点融入到 12 个真实项目中，项目均基于真实的工作过程，项目任务明确、知识点覆盖全面、可操作性强，并针对全国计算机等级考试（一级 Microsoft Office）精心编写模拟测试题。

本书可作为高职院校计算机应用基础的实训教材，也可作为全国计算机等级考试（一级 Microsoft Office、一级 B）的辅导教材。

未经许可，不得以任何方式复制或抄袭本书之部分或全部内容。
版权所有，侵权必究。

图书在版编目（CIP）数据

计算机应用基础实训指导 / 陈芷主编．—北京：电子工业出版社，2009.10
（21 世纪高等职业教育计算机系列规划教材）
ISBN 978-7-121-09632-7

I. 计… II. 陈… III. 电子计算机－高等学校：技术学校－教学参考资料 IV.TP3

中国版本图书馆 CIP 数据核字（2009）第 178056 号

策划编辑：徐建军
责任编辑：裴　杰
印　　刷：
装　　订：北京市李史山胶印厂
出版发行：电子工业出版社
北京市海淀区万寿路 173 信箱　邮编 100036
开　　本：787×1 092　1/16　印张：8.75　字数：242 千字
印　　次：2009 年 10 月第 1 次印刷
印　　数：4 000 册　　定价：18.00 元

凡所购买电子工业出版社图书有缺损问题，请向购买书店调换。若书店售缺，请与本社发行部联系，联系及邮购电话：（010）88254888。

质量投诉请发邮件至 zlts@phei.com.cn，盗版侵权举报请发邮件至 dbqq@phei.com.cn。

服务热线：（010）88258888。

前　言

随着信息技术的飞速发展，计算机操作技能已成为衡量个人能力的一个重要方面，更是当代大学生的必备技能。让读者在有限的时间掌握计算机操作技能，通过相关考核，并了解如何运用这些技能在今后的工作中解决实际问题，从而提高自身的综合竞争力，是每一位从事计算机教育的工作者应当认真思考的问题。

本书是几位编写人员集多年教育经验，在对课程进行整体项目化课程开发的基础上编写而成的。本书是《计算机应用基础》的配套实训指导教程，全书共分为5章，分别对Windows XP、Word 2003、Excel 2003、PowerPoint 2003、IE 6.0与Outlook 2003进行项目训练，并附有全国计算机等级考试模拟试题及答案详解，关于模拟试题中的素材文件 mn1、mn2，读者可登录华信资源网 www.hxedu.com.cn 免费下载。

本书具有如下特点：

1．本书是一本项目化教材

以职业活动和工作过程为导向进行能力目标、知识目标的分析，在此基础上设计了12个项目，项目设计得当，每个项目都有明确的能力目标、知识目标，项目任务明确、可操作性强。

2．知识点覆盖全面、科学

内容涵盖《高职高专计算机公共基础课程教学基本要求》、全国计算机等级考试（一级）大纲中所有操作部分知识点，实训内容有针对性。

3．注重培养读者的思考能力和再学习能力

实训项目中的解决方案鼓励读者自己思考解决问题，遇到问题再查看实现步骤；拓展训练项目中对一些知识点进行拓展训练，培养读者的再学习能力。

本书经过一个学期近2000名高职一年级学生的实际试用，效果良好。本书可作为高职院校计算机基础实训教材，也可作为全国计算机等级考试（一级 Microsoft Office、一级 B）的辅导教材，还可以作为办公人员、计算机爱好者提高计算机操作技能的参考书。

本书由陈芷、王建、刘永胜、乐颖、王霞、张春勤、谢忠志共同编写。全书由刘永胜、陈芷负责统稿审定。

由于作者水平有限，编写时间仓促，书中难免有不妥之处，希望广大读者提出批评指正，以便进一步完善本书。

编　者

目 录

第 1 章　Windows XP 操作系统

项目 1　计算机的个性化设置和使用

1．能力目标

（1）能使用 Windows XP 的“控制面板”进行账户设置、输入法设置、查看本机配置、添加打印机，以及软件的安装与卸载。

（2）能使用设置对象属性的方法进行计算机的个性化设置，查看局域网中本机计算机名，以及在局域网中设置共享文件夹。

2．知识目标

（1）掌握添加账户并设置密码的方法；

（2）掌握计算机个性化设置的方法；

（3）掌握软件的安装与卸载方法；

（4）掌握输入法的添加与删除方法；

（5）掌握查看本机配置情况的方法；

（6）掌握添加打印机的方法；

（7）掌握查看局域网中本机计算机名的方法；

（8）掌握局域网中设置共享文件夹的方法。

3．项目描述

大学生小华毕业后被一家企业录用从事办公室工作，工作第一天，小华需要对自己所使用的计算机进行管理，添加账户并设置密码，进行个性化设置，对常用软件进行安装，对输入法进行安装与添加，了解本机配置情况，添加打印机以使用打印机，查看本机计算机名，设置共享文件夹等工作，具体要求如下：

（1）添加一个新的管理员用户，用户名为“mycomputer”，设置密码为“1989ab”。

（2）将“桌面背景.jpg”设为桌面背景。

（3）安装“千千静听”软件，卸载“千千静听”软件。

（4）添加郑码输入法，删除郑码输入法。

（5）查看本机配置情况。

（6）添加 HP 公司的型号为“ LaserJet 2000”的打印机。

（7）查看本机的计算机名和所属工作组。

（8）将桌面上的文件夹“abc”设置为共享文件夹。

4．解决方案

对于要求（1）、（4）、（5）、（6）以及（3）中的“卸载软件”，都可以在 Windows XP 的“控制面板”中实现。

对于要求（2）可以通过设置“桌面”的“属性”来实现。

对于要求（3）的“安装软件”，可以通过运行安装文件来实现。

对于要求（7）可以通过查看“我的电脑”的“属性”来实现。

对于要求（8）可以通过修改文件夹的“共享”属性来实现。

5．实现步骤

（1）添加一个新的管理员用户，用户名为“mycomputer”，设置密码为“1989ab”。

在 Windows 中可以创建多个用户账户。当多个用户使用同一台计算机时，可以保留不同的环境设置。也就是说，以不同的用户账户登录后，其桌面、开始菜单的设置，我的文档中的内容均不相同。

步骤 1：执行“开始”→“控制面板”菜单命令，可打开“控制面板”窗口，控制面板的分类视图和经典视图分别如图 1.1 和图 1.2 所示。

图 1.1　控制面板的分类视图

图 1.2　控制面板的经典视图

步骤 2：单击控制面板窗口的“用户账户”图标，打开“用户账户”窗口。

步骤 3：在“用户账户”窗口中，单击“创建一个新账户”链接。

步骤 4：为新账户命名。如图 1.3 所示，在“为新账户输入一个名称”文本框中，输入新账户的名称为“mycomputer”。

步骤 5：单击“下一步”按钮，挑选一个账户类型。如图 1.4 所示，选择“计算机管理员”单选按钮，再单击“创建账户”按钮。

步骤 6：在“用户账户”窗口中，单击“mycomputer”用户，再单击“更改密码”链接，如图 1.5 所示。

步骤 7：输入两次密码“1989ab”，在“输入一个单词或短语作为密码提示”文本框中输入在忘记密码时显示的提示信息（也可以不输入），单击“创建密码”按钮，则为用户 mycomputer 设置了登录密码“1989ab”并设置了密码提示，如图 1.6 所示。

（2）将“桌面背景.jpg”设为桌面背景。

Windows XP 允许用户根据自己的喜好设置具有个性化的工作环境，如设置自己喜爱的桌面背景、设置屏幕保护程序等。

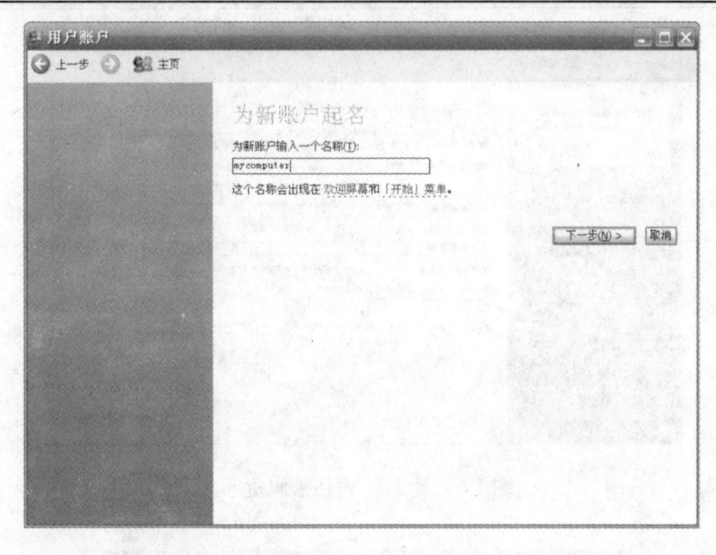

图 1.3　输入新账户的名称

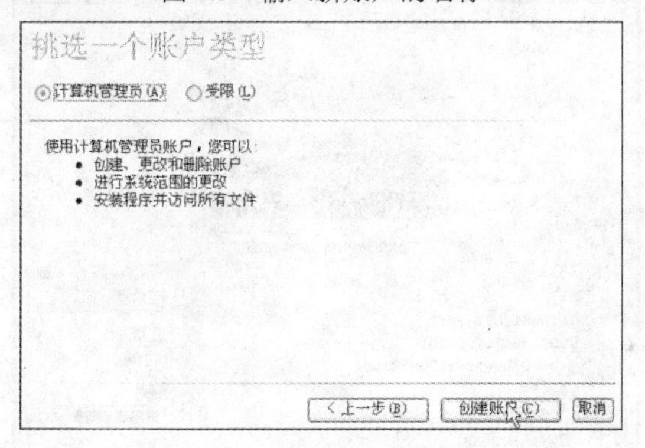

图 1.4　选择账户的类型

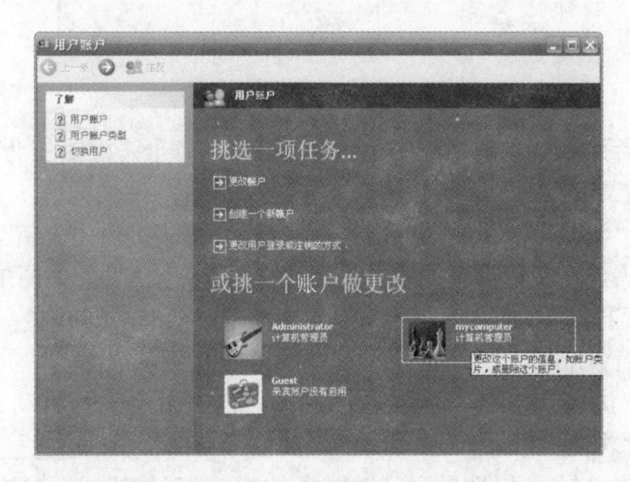

图 1.5　更改“mycomputer”用户密码

步骤 1：使用鼠标右键单击桌面的空白区域，在弹出的快捷菜单中选择“属性”命令，打开“显示 属性”对话框，如图 1.7 所示。

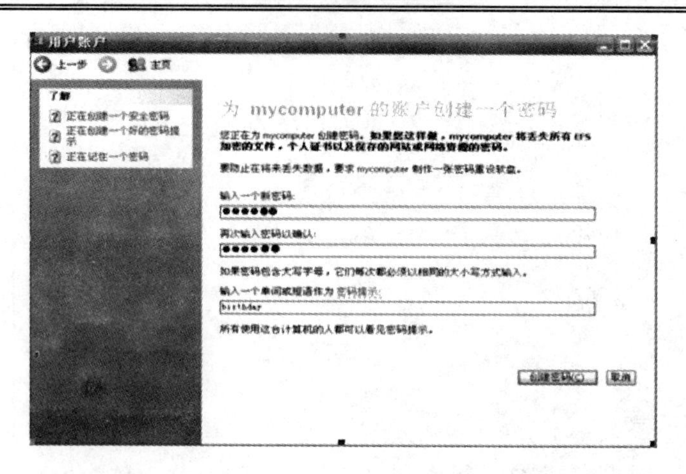

图 1.6　输入密码和密码提示

图 1.7　“显示 属性”对话框

步骤 2：在“显示 属性”对话框中单击“桌面”选项卡，再单击“背景”列表框右侧的浏览(B)...按钮。

步骤 3：打开“浏览”对话框。单击“查找范围”右侧的下拉按钮，选择图片文件所在的“桌面”文件夹，在文件列表中单击“桌面背景.jpg”文件，如图 1.8 所示。

步骤 4：单击“打开”按钮，返回“显示 属性”对话框，再单击确定或“应用”按钮即可将“桌面背景.jpg”文件应用到桌面，如图 1.9 所示。

步骤 5：单击“浏览”按钮，查看设置效果，如要结束预览，移动一下鼠标即可。

步骤 6：退出“浏览”效果，返回“显示 属性”窗口，单击确定按钮，即可保存所进行的设置，退出“显示 属性”窗口（如单击“取消”按钮，则取消所进行的修改）。

（3）安装“千千静听”软件，卸载“千千静听”软件。

安装“千千静听”软件步骤如下。

步骤 1：在桌面上找到安装文件“ttpsetup.exe”，选中文件的图标，双击此文件，运行此安装程序。

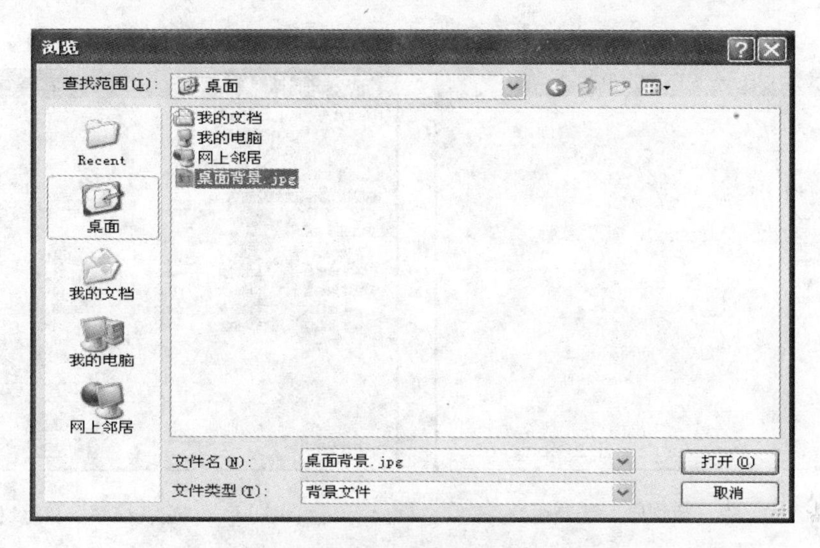

图 1.8　选择“桌面背景.jpg”文件

图 1.9　设置桌面后的“显示 属性”对话框

步骤 2：打开一个介绍软件功能的对话框，单击“开始”按钮，进入下一步操作。

步骤 3：出现“许可证协议”对话框。用户阅读软件使用协议后，单击“我同意”按钮，才能进入下一步操作。

步骤 4：用户可选择安装软件中的组件。选中需要安装的组件前的复选框，或取消不需要安装的组件，如图 1.10 所示。

步骤 5：安装应用软件时，安装程序要将一些文件复制到硬盘上。如图 1.11 所示，用户可指定安装软件的目标文件夹。默认情况下，软件安装在 Program Files 文件夹的

TTPlayer 文件夹下。若用户要安装到其他的位置，通过“浏览”按钮可选择要安装的目标文件夹。

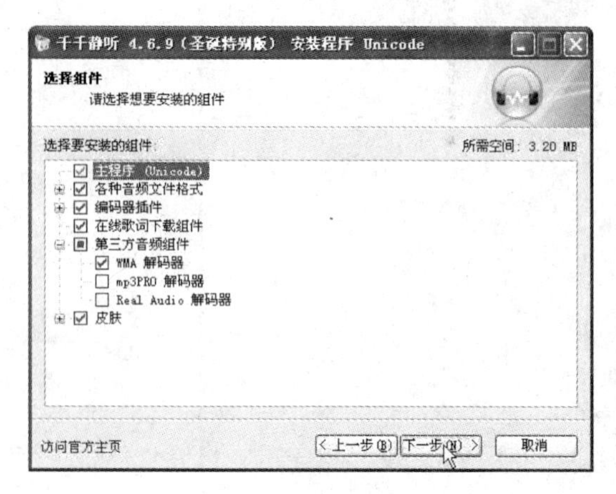

图 1.10　“安装程序”选择组件

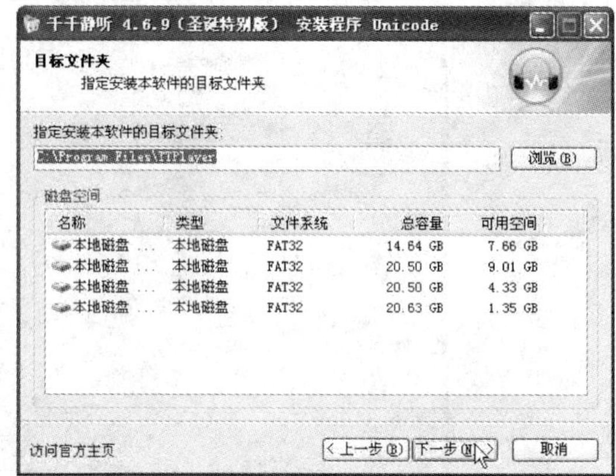

图 1.11　“安装程序”目标文件夹

步骤 6：打开“附加任务”对话框，询问需要创建哪些快捷方式。

单击“下一步”按钮，系统开始将文件复制到硬盘，并且修改 Windows 注册表。安装成功后，可以通过桌面快捷方式运行此软件。快捷方式对应的是目标文件夹下的 TTPlayer.exe 文件。

卸载“千千静听”软件步骤如下。

步骤 1：单击控制面板窗口的“添加/删除程序”链接，打开“添加或删除程序”对话框。

步骤 2：在“添加或删除程序”对话框中，如图 1.12 所示，列表中显示出当前已安装的所有程序。

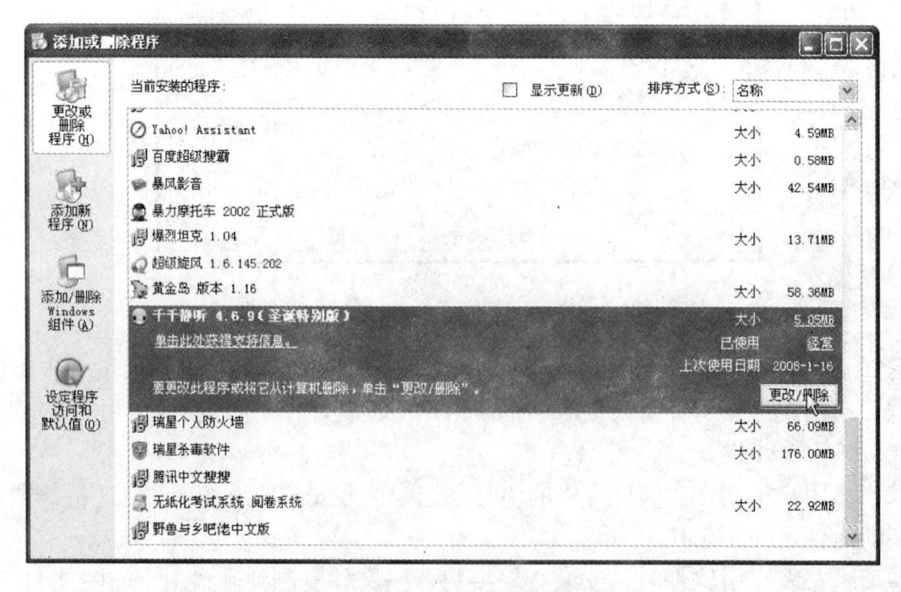

图 1.12　“添加或删除程序”对话框

步骤 3：选择需要删除的程序，单击“更改/删除”按钮，弹出对话框询问是否删除程序。单击“是”按钮，系统删除程序。

（4）添加郑码输入法，删除郑码输入法。

添加郑码输入法步骤如下。

步骤 1：打开“控制面板”窗口，双击“区域和语言选项”图标。

步骤 2：在打开的“区域和语言选项”对话框中，单击“语言”选项卡，如图 1.13 所示，单击“文字服务和输入语言”选项下的详细信息(D)...按钮。

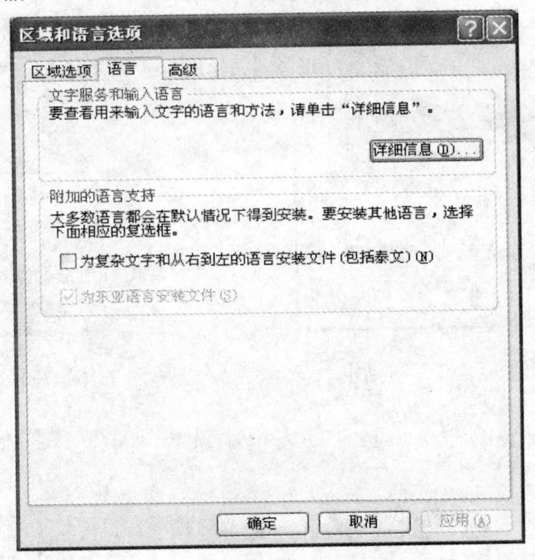

图 1.13　“区域和语言选项”对话框

步骤 3：在打开的“文字服务和输入语言”对话框中，单击右侧的添加(D)...按钮，如图 1.14 所示。

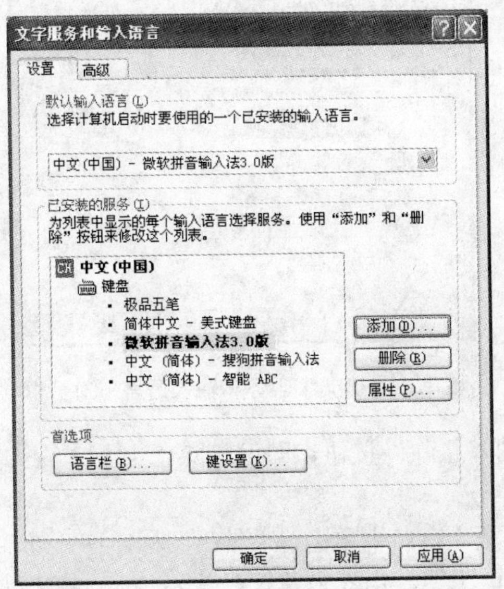

图 1.14　“文字服务和输入语言”对话框

步骤 4：打开“添加输入语言”对话框，如图 1.15 所示。在“输入语言”下拉列表框中选择“中文（中国）”选项，再在“键盘布局/输入法”下拉列表框中选择要添加的输入法“中文（简体）-郑码”。

步骤 5：单击 确定 按钮，返回“文字服务和输入语言”对话框，在“已安装的服务（I）”列表框中即可看到刚刚添加的输入法。

步骤 6：单击 确定 按钮便可完成该输入法的添加。

删除郑码输入法 3.0 版步骤如下。

步骤 1：在输入法状态条上单击鼠标右键，在弹出的快捷菜单中执行“设置”命令，打开“文字服务和输入语言”对话框，如图 1.16 所示。

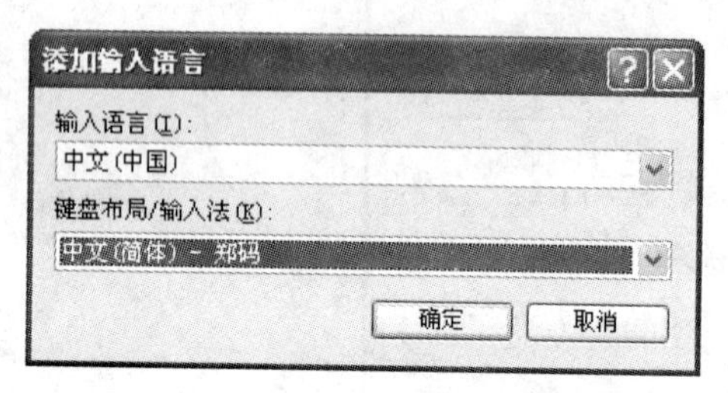

图 1.15　“添加输入语言”对话框

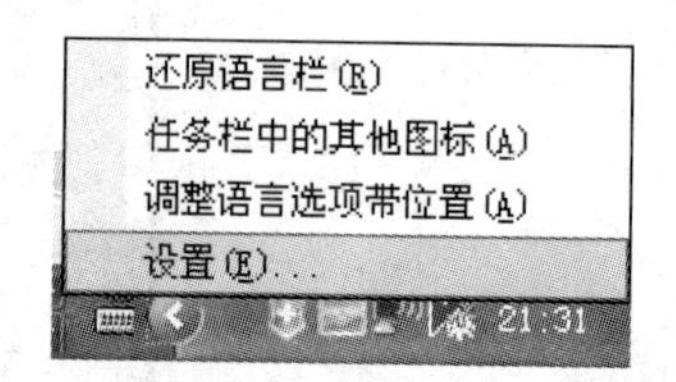

图 1.16　在输入法状态条上单击鼠标右键

步骤 2：在“已安装的服务（I）”列表框中选择“中文（简体）-郑码”输入法，如图 1.17 所示。

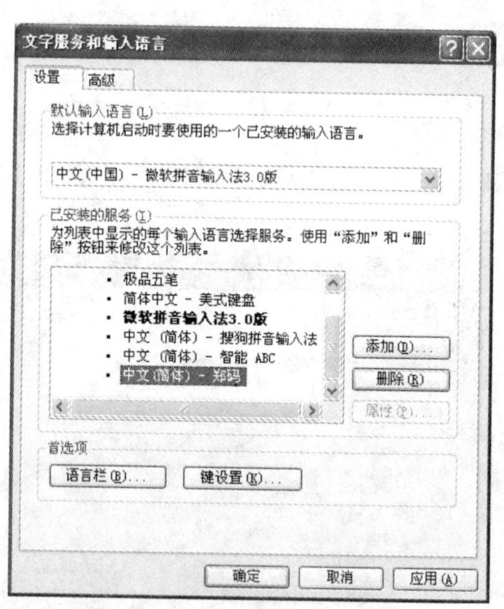

图 1.17　“文字服务和输入语言”对话框

步骤 3：单击右侧的“删除”按钮，即可删除“中文（简体）-郑码”输入法。

（5）查看本机配置情况。

步骤 1：在“控制面板”窗口中单击“系统”图标，打开“系统属性”窗口，如图 1.18 所示，可看到本机的 CPU 类型、内存容量、操作系统版本等信息。

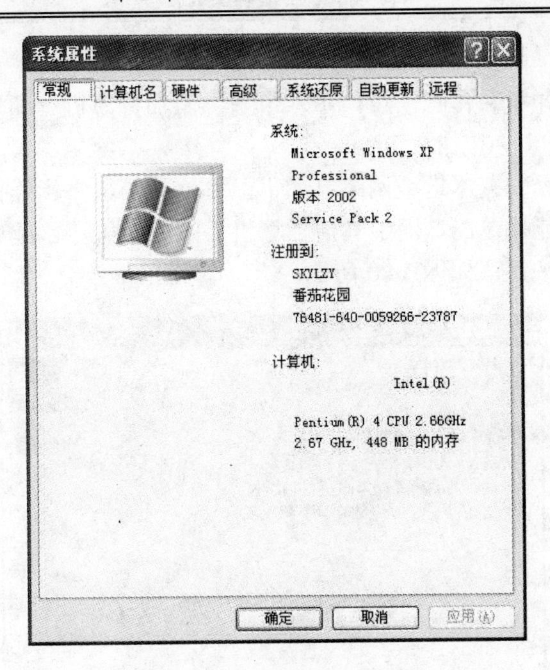

图 1.18　“系统属性”窗口

步骤 2：在“系统属性”窗口中，选择“硬件”选项卡，单击“设备管理器”按钮，打开“设备管理器”对话框，如图 1.19 所示。

步骤 3：在“设备管理器”窗口中，可按类别查看计算机中的硬件设备，还可以添加、删除硬件，更新硬件的驱动程序。

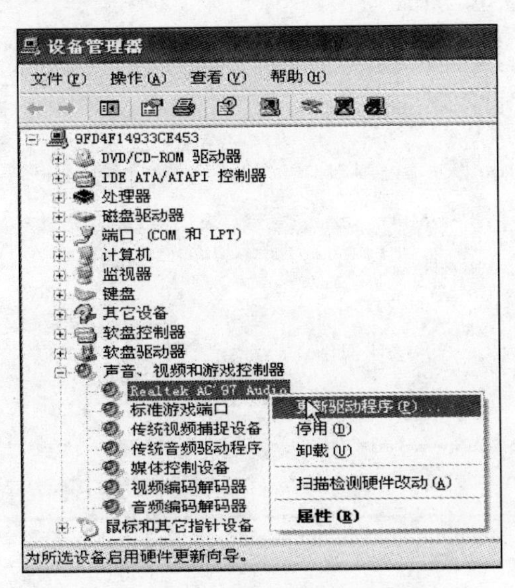

图 1.19　“设备管理器”窗口

（6）添加 HP 公司的型号为“LaserJet 2000”的打印机。

步骤 1：单击“控制面板”窗口的“打印机和传真”图标，打开“打印机和传真”

窗口。

步骤 2：在“打印机和传真”窗口中，单击“添加打印机”图标，打开“添加打印机向导”，再单击“下一步”按钮。

步骤 3：用户选择安装本地或网络打印机。本地打印机是指连接在本计算机上的打印机，网络打印机是指连接在局域网中其他计算机上的打印机。本处选择“连接到此计算机的本地打印机”单选按钮，如图 1.20 所示。

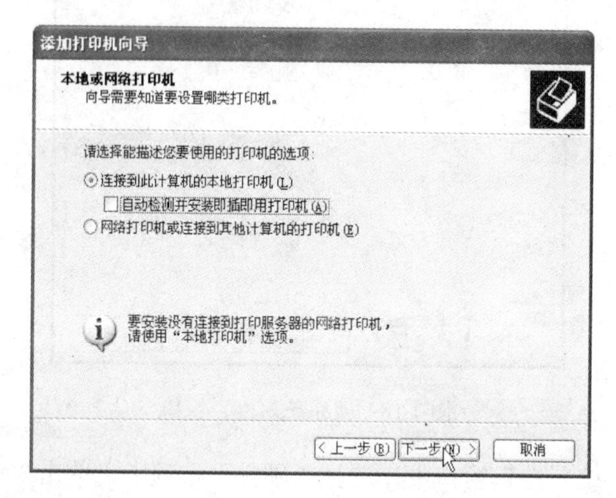

图 1.20 选择“连接到此计算机的本地打印机”单选按钮

步骤 4：用户选择相应的连接打印机的端口，单击“下一步”按钮。通常，打印机使用 LPT1 口（并口）或 USB 接口，如图 1.21 所示。

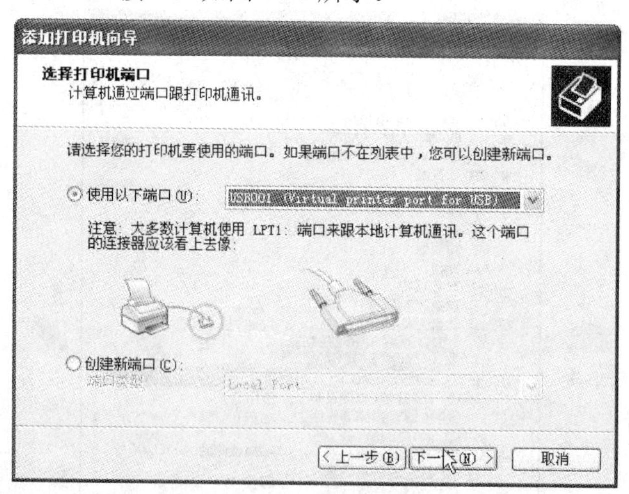

图 1.21 选择打印机端口

步骤 5：用户首先在“厂商”列表中选择 HP 公司，然后再在“打印机”列表中选择打印机型号“HP LaserJet 2000”，单击“下一步”按钮，如图 1.22 所示。

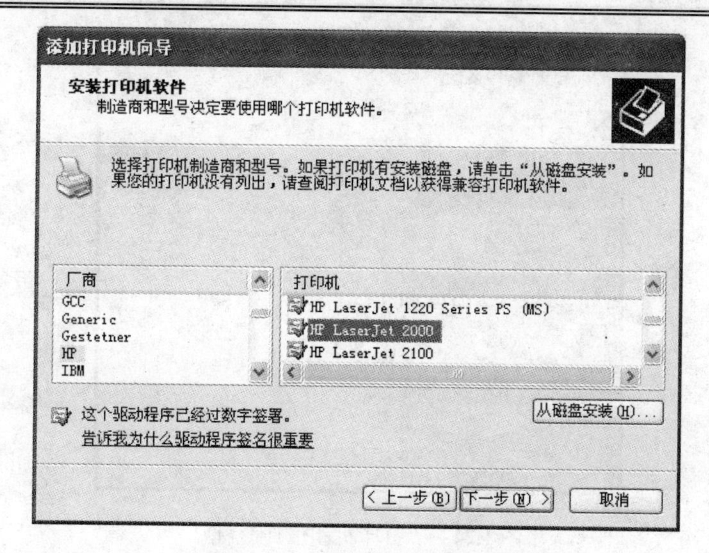

图 1.22　选择打印机型号

步骤 6：在"打印机名"文本框中输入打印机的名字，如图 1.23 所示。

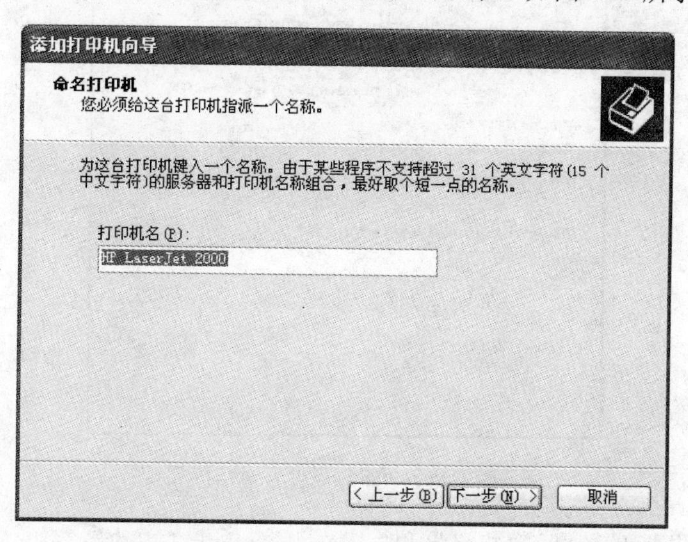

图 1.23　输入打印机名称

步骤 7：用户选择是否"打印测试页"，选择"是"单选按钮，打印机会打印一份测试页面。此处选择"否"单选按钮。

步骤 8：单击"完成"按钮，出现一个"打印机"图标，如图 1.24 所示。使用鼠标右键单击此图标，在快捷菜单中选择"属性"命令，可进一步设置打印机。

（7）查看本机的计算机名称和所属工作组。

步骤 1：使用鼠标右键单击桌面上的"我的电脑"图标，在打开的快捷菜单中执行"属性"命令，打开"系统属性"对话框，如图 1.25 所示。

步骤 2：在"系统属性"对话框中，单击"计算机名"选项卡，可看到本机在网络中的名称及所属工作组。在"计算机描述"文本框中可输入对计算机的描述信息。

图 1.24　“打印机和传真”窗口

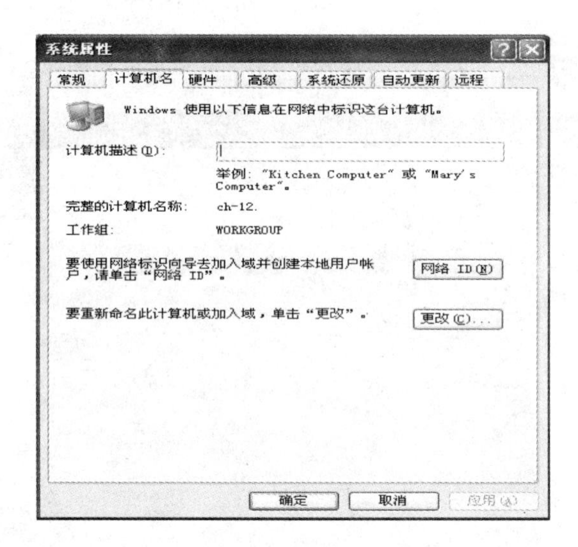

图 1.25　“系统属性”对话框

步骤 3：如果要更改“计算机名”和“工作组”，单击“更改”按钮，打开“计算机名称更改”对话框，如图 1.26 所示，用户可以重新设定计算机名和工作组。注意：名称的长度不能超过 15 个英文字符或超过 7 个汉字。在局域网中不能有同名的计算机。

如果输入的工作组名称是一个不存在的工作组，就相当于新建一个工作组。

设置完成后，需要重新启动计算机，更改才会生效。

（8）将桌面上的文件夹“abc”设置为共享文件夹。

通过设置共享文件夹，可以使网络上的其他用户通过网上邻居找到此计算机，并访问共享文件夹下的文件。

步骤 1：使用鼠标右键单击桌面上的“abc”文件夹图标，在打开的快捷菜单中执行“共享和安全”命令，如图 1.27 所示。打开“abc 属性”对话框。

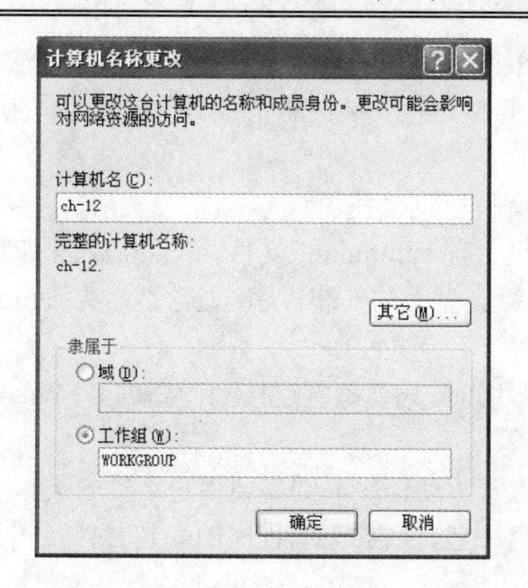

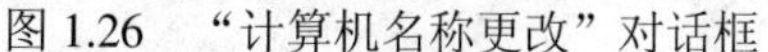
图 1.26　“计算机名称更改”对话框

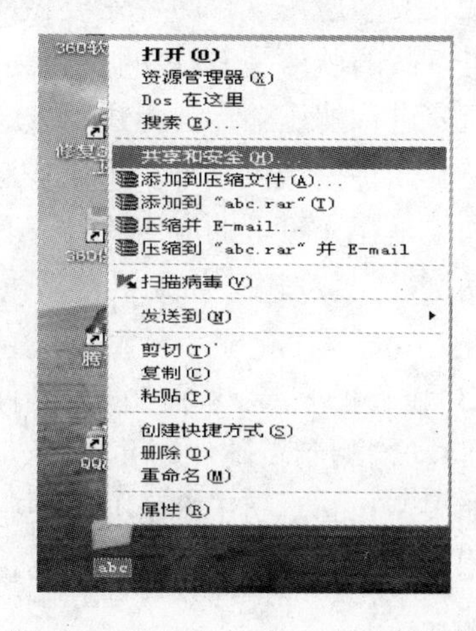

图 1.27　文件夹“abc”的快捷菜单

步骤 2：在“abc 属性”对话框中，选择“共享”选项卡。在网络共享和安全下选择“在网络上共享这个文件夹”复选框，则文件夹被设为共享，如图 1.28 所示。如果允许网络上其他的用户修改共享文件夹中的文件，选中“允许网络用户更改我的文件”复选框。文件夹被共享后，文件夹上出现一个手形的标志。

6．归纳说明

（1）控制面板是用来进行系统设置和设备管理的一个工具集，通过控制面板可以进行设置显示属性，安装字体，查看计算机的硬件，添加打印机，设置鼠标，添加/删除程序，管理用户，调整系统的日期和声音等操作。

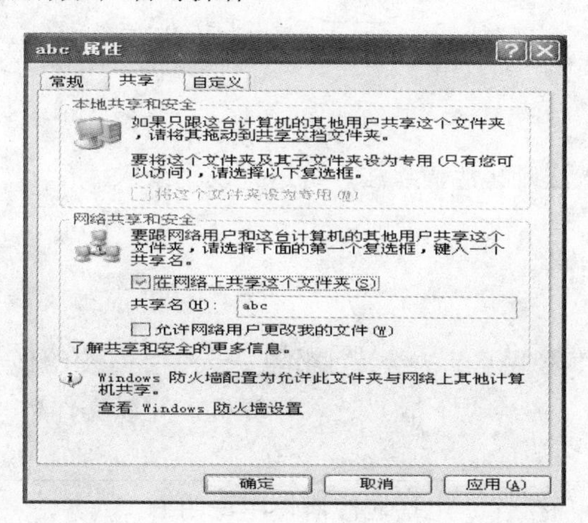

图 1.28　将文件夹“abc”设置为共享文件夹

控制面板有分类视图和经典视图两种形式。分类视图把各项目按功能进行分组，用户按类别找到需要设置的项目。经典视图把所有项目直接显示出来。用户可在这两种视图间相互切换。

（2）安装应用软件是经常要做的操作，一般来说，安装应用软件有以下几种方法：

若下载的软件是.EXE的安装文件，则可以直接进行安装；若下载文件是.RAR的压缩文件，先进行解压缩后，再进行安装。

还有一种是绿色软件，不用安装，解压后就可以直接使用。

如果是在光盘上的应用软件，有的安装光盘上有autorun.inf文件。光盘插入光驱后，会自动执行安装程序。如果不自动执行，可以运行光盘上的安装程序，通常是名为setup.exe的文件。

（3）硬件的安装。目前，很多硬件都是即插即用的。只要把它连接到计算机上，Windows XP会自动检测到新硬件，并加载其驱动程序。

如果Windows XP检测不到硬件或没有内置其驱动程序，则需要用户手动安装。

用户可以找到购买硬件时附带的光盘，光盘中包含硬件驱动程序的安装文件及相关的应用软件。

7．拓展训练项目

（1）在桌面上新建文本文件ex1.txt，并输入以下文字。

在早年的软件开发中，二层结构被广泛采用，如网络服务中的Client/Server模式。但是随着目前系统的日益复杂，二层结构越来越难以适应需要。其主要缺点在于客户端难以管理和维护，难以实现分布式处理，从而很难达到良好的可维护性，可扩充性，可移植性的目标。因此三层结构应运而生，各层之间分割明确，逻辑独立，按照一定的规则进行通信。

（2）使用磁盘碎片整理程序对D盘进行整理。

（3）对Windows XP的桌面进行截图，并保存为desktop.bmp文件。

项目2　产品说明书的录入

1．能力目标

能用智能ABC输入法或其他输入法熟练进行汉字录入。

2．知识目标

熟练掌握一种汉字输入法。

3．项目描述

小华毕业后顺利到某公司从事办公室工作，一天，主任交给他一个任务：一个小时内将一份产品使用说明书（内容见下框）录入计算机，并以文件名“电话遥控器使用说明书.doc”保存下来。

电话遥控器使用说明书

本电话控制器可异地遥控家中家用电气设备的工作状态和监听家中异常情况，是居家生活的好助手，对居家起安全监控作用。同时也广泛应用在工业智能控制上。电话控制器允许用户本地或远程设置修改密码（1～6位），自行设置修改1～9次振铃模拟摘机次数，异地遥控开启警戒和关闭警戒，以及快速恢复出厂默认参数等功能，设置的数据不怕掉电。

该电话遥控器有三路输出，每路输出均有一种双稳态输出，第一路同时有定时工作，定时时间允许设置为 001～999 分钟，第二路有单稳态输出，单稳态时间是 1 秒钟。

安装及接线：将电话线连 RJ11 插头与智能电话遥控器外线插口连接，电话遥控器可与家用电话机并联接入，将 12V 直流电源插入电话遥控器的电源插孔中（内正外负）。

使用与操作：

1．外线拨号

外线拨打电话遥控器所连接的电话线路号码，当达到振铃次数后无人摘机，电话遥控器自动模拟摘机并回送“嘟—嘟—嘟”三声回音，表示遥控器已经模拟摘机并进入工作状态。主拨电话接着输入密码，如密码输入正确，电话中听到“嘟……”一声长鸣提示，表示输入密码正确，之后可进入功能操作控制。若密码输入错误，则发出“嘀、嘀、嘀”提示音，允许继续输入密码（此时不用再输入前面的第一个*号），第二次输入正确，发出长鸣提示，两次输入错误自动挂机。密码的输入方式是以“*”开头，之后输入“密码”，再以“*”结束，即*密码*。

2．快速恢复出厂默认值

先断开电话遥控器的电源，利用和电话遥控器并联的家庭电话机来完成。电话机摘机，按下某键不放，此时将电话遥控器的电源接通，约等待 1 秒钟后，电话机挂机完成，电话遥控器恢复出厂默认值（话机中能够听到夹杂的一声“嘀”）。

3．使用家庭电话机进行设置

与电话遥控器并联的电话机也可以进行上述操作，它比外部电话机的操作更简单方便，摘机后输入正确的密码并操作相应的功能键即可（操作中不要理会电话中的语音提示）。

4．遥控器挂机

遥控器挂机分为两种情况：①当使用遥控器仅仅控制 3 路输出时，最后一个操作按键结束 20 秒钟后自动挂机。②当操作监听功能后，监听声音传送到主叫方，主叫方挂机之前需要使用配套信号发生器发出一个终止信号，遥控器关闭电源、关闭监听。

4．解决方案

本项目是要求以一定的速度完成文字的录入并将文件保存。汉字输入法有很多种，一般来说可以将汉字的输入法分为两类，即音形输入和字形输入，分别根据汉字的汉语拼音和汉字的字形来输入。常见的音形输入法有全拼输入法、双拼输入法、微软拼音输入法等；常见的字形输入法有五笔输入法、表形码输入法、郑码输入法等。其中比较易于入门的是音形输入法，只要有汉语拼音的基础，很快就可以掌握，本项目以智能 ABC 输入法为例进行讲解。

在输入“～、……”等字符时，可以使用软键盘进行输入。

在输入英文字符时，应当切换到英文输入状态进行输入。

要求以文件名“电话遥控器使用说明书.doc”保存文件，“doc”是 Word 文档的默认扩展名，因此文字应当输入在 Word 文档中，并将文件以文件名“电话遥控器使用说明书.doc”保存，文件的保存应当在输入一段文字后就进行，输入的过程中也要定期保存，以防止断电或死机等情况发生，导致文件丢失。

5. 实现步骤

步骤 1：双击桌面上的图标，打开 Word 应用程序，打开之后，会自动新建一个名为“文档 1.doc”的空白文档。

步骤 2：单击屏幕底部任务栏上的输入法图标，如图 1.29 所示，出现各输入法选择项，此时选择“智能 ABC 输入法 5.0 版”。也可以使用【Ctrl＋Shift】组合键选择另一种输入法，每按一次，就切换一种输入法，直到所需的输入法出现。输入过程中，按【Enter】键输入回车符分段。

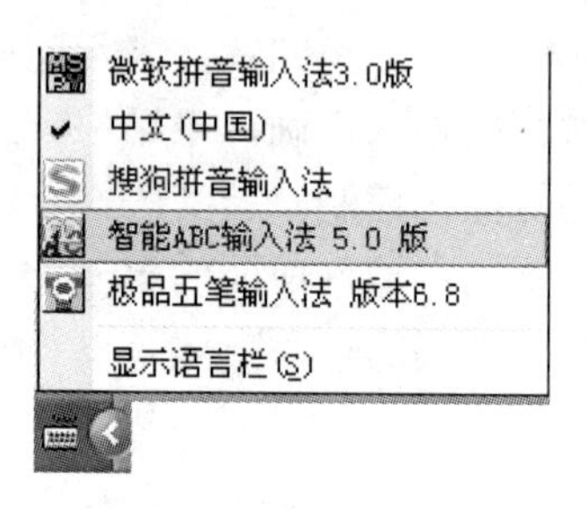

图 1.29　“输入法”选择菜单

步骤 3：如要输入英文字符，可使用【Ctrl＋Space】组合键，切换到英文输入方式，输入完成之后，再次按【Ctrl＋Space】组合键切换到中文输入法。

步骤 4：在输入“～、……”等标点符号时，可以右击输入法状态条右侧的软键盘按钮，选择其中的“标点符号”类型，如图 1.30 所示，即可出现标点符号软键盘，可以单击软键盘中的相应键进行输入，如图 1.31 所示。如需输入其他字符，选择相关软键盘。使用结束后，再次单击软键盘按钮，关闭软键盘。

图 1.30　选择“标点符号”选项

图 1.31　“标点符号”软键盘

步骤 5：输入过程中，单击常用工具栏上的按钮，出现“另存为”对话框，如图 1.32 所示，在文件名文本框中输入“电话遥控器使用说明书”，保存类型选择“Word 文档(*.doc)”，保存位置选择“本地磁盘（D:）”，单击 保存(S) 按钮保存文件。输入过程中，也应当经常单击按钮保存文件。输入结束后，保存文件，单击按钮退出 Word 应用程序。

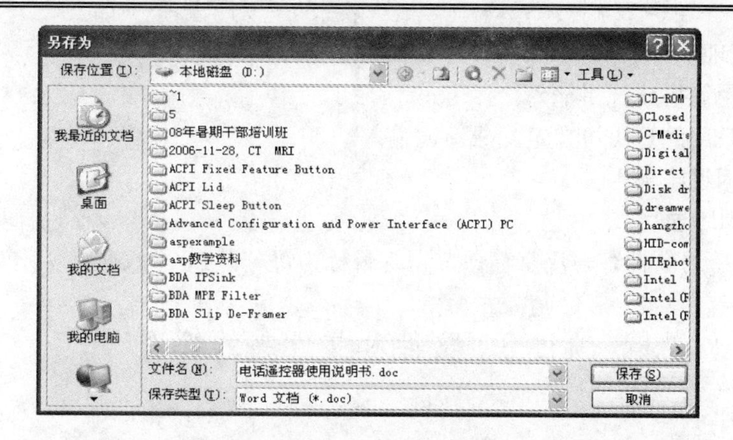

图 1.32　“另存为”对话框

6. 归纳说明

本项目是在规定时间内完成汉字的录入，要求熟练掌握一种汉字输入法。提高汉字输入的方法是熟练掌握指法，掌握盲打练习、熟悉输入法的使用技巧。

（1）指法练习

- 基准键位和手指分工：开始打字时，用户应坐在电脑的正前方，相隔键盘大约 25 厘米。击键时，手指要轻击，否则会影响打字速度。

  键盘的指法分区表如图 1.33 所示。凡两斜线范围内的键，都必须用规定的手指进行操作。值得注意的是，每个手指击键结束后，只要时间允许，都应立即退回基本键位。请对照指法分区表加以练习。

图 1.33　指法分区表

（2）智能 ABC 输入法的使用

- 智能 ABC 输入法的状态条：智能 ABC 输入法的状态条上的项目从左至右依次为：中/英文切换、输入风格切换、全角/半角切换、中/英文标点符号切换、开启/关闭软键盘，如图 1.34 所示。

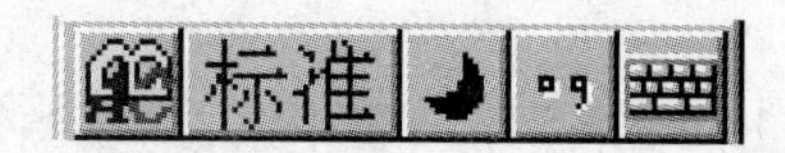

图 1.34　智能 ABC 输入法状态条

- 使用智能 ABC 输入法输入时可以使用以下方法提高输入速度：
  ① 多用简拼或混拼输入。
  ② 对常用的短语可自定义成新词输入。
  ③ 多用词组输入。

7. 拓展训练项目

使用打字练习软件练习汉字输入，训练目标为每分钟 30 个汉字。

项目 3　文件和文件夹的管理

1. 能力目标

（1）能使用 Windows XP 的“资源管理器”进行文件和文件夹的管理。

（2）能使用“回收站”对回收站里的文件进行管理。

2. 知识目标

（1）掌握 Windows 资源管理器的使用；

（2）掌握文件夹的建立和删除；

（3）掌握文件和文件夹的复制、移动、删除和重命名；

（4）掌握文件和文件夹属性的设置；

（5）掌握文件和文件夹的查找方法；

（6）掌握快捷方式的建立与使用；

（7）掌握回收站的管理。

3. 项目描述

小华在办公室计算机上查找文件时发现文件夹要进行整理，要进行文件、文件夹的复制、移动、设置属性等操作。具体要求如下：

（1）浏览计算机 C 盘的文件与文件夹结构。

（2）在 lx2 文件夹下创建一个名为 a4 的文件夹。

（3）在 lx2 文件夹下的 a3 文件夹下创建一个名为 f1 的文本文件。

（4）将文件 ae.hlp 复制到文件夹 a3 下。

（5）将 a2 文件夹下的 c1 文件夹复制到 a1 文件夹下。

（6）将 b1 文件夹下的文件 ac.doc 移动到 a3 文件夹下。

（7）将 b2 文件夹下的首字母为 d 的所有文件的属性设置为只读。

（8）将 lx2\a2\c1 文件夹中的文件 ppa.c 重命名为 ba.c。

（9）在 lx2 文件夹下建立一个 b2 文件夹的快捷方式，快捷方式的名称为：kb2。

（10）查找 C 盘 WINNT 文件夹下的所有文本文件（文件扩展名是.txt）。

（11）熟悉“回收站”相关的操作。

4. 解决方案

（1）要求中的（1）～（10）在资源管理器中完成，资源管理器是 Windows 提供的重要的工具程序，使用它可以方便地管理计算机资源，对文件和文件夹进行操作，运行应用程序，建立或断开与网络驱动器的映射，浏览万维网的主页等。

可以使用以下方法打开资源管理器。

方法 1：执行“开始”→“所有程序”→“附件”→“Windows 资源管理器”菜单命令。

方法 2：使用鼠标右键单击“开始”按钮，在弹出的快捷菜单中选择“资源管理器”选项。

方法 3：使用鼠标右键单击桌面上的“我的电脑”或“回收站”等图标，在弹出的快捷菜单中选择“资源管理器”选项。

“资源管理器”窗口如图 1.35 所示。

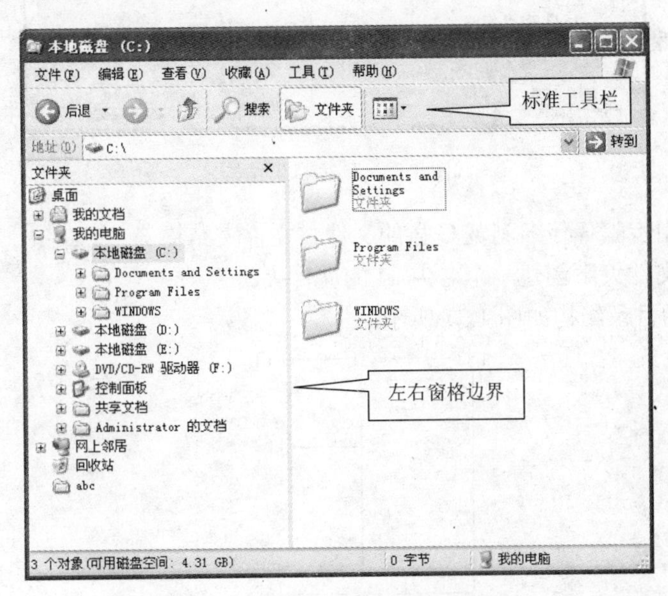

图 1.35　“资源管理器”窗口

（2）要求中的（11）可以双击桌面上的“回收站”图标进行练习。

5．实现步骤

（1）浏览计算机 C 盘的文件与文件夹结构。

步骤 1：打开资源管理器。

步骤 2：使用鼠标单击“资源管理器”左侧窗口中 C 盘驱动器图标，在右窗格中显示 C 盘根目录下的内容，如图 1.36 所示。

步骤 3：要查看某个文件夹的内容，可以在左侧窗口单击其上一级文件夹图标前的“+”符号，找到该文件夹，单击该文件夹图标，在右窗格中可以看到该文件夹下的内容。如要查看 C:\Program Files\microsoft office 中的 Office11 文件夹的内容，可以在左侧窗口中单击 C 盘驱动器图标前的“+”符号，单击 Program Files 文件夹前面的“+”符号，再找到 Office11 文件夹的上一级文件夹 Microsoft Office 文件夹，再单击 Microsoft Office 文件夹前的“+”符号，找到 Office 文件夹，再单击 Office 文件夹图标，在右窗格中即可看到该文件夹下的内容。

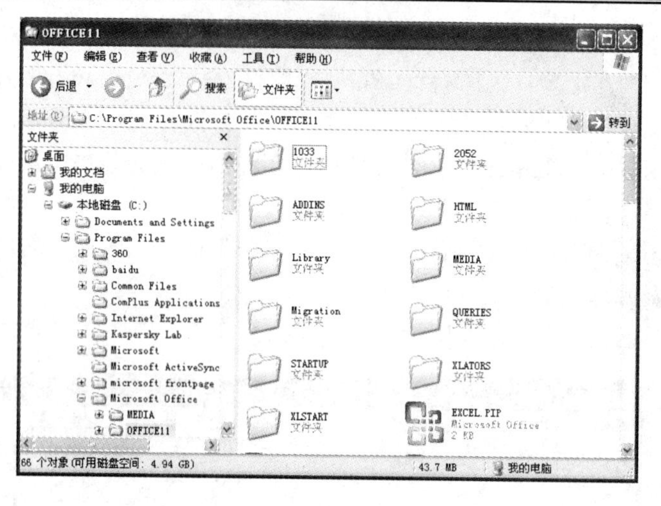

图 1.36　C 盘目录结构

步骤 4：使用步骤 3 仔细浏览 C 盘的文件与文件夹结构。

（2）在 lx2 文件夹下创建一个名为 a4 的文件夹。

lx2 文件夹的目录结构如图 1.37 所示。

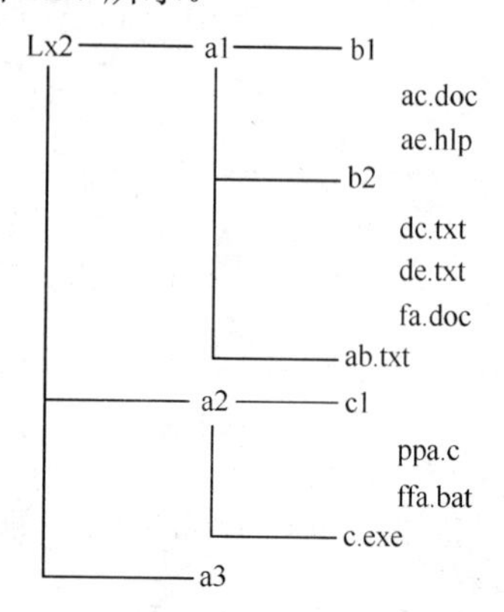

图 1.37　lx2 文件夹目录结构

步骤 1：选择新建文件夹存放的位置，即在资源管理器左窗格中单击 lx2 文件夹图标。

步骤 2：执行“文件”→“新建”→“文件夹”命令，在右窗格中即会出现一个名为“新建文件夹”的新文件夹，如图 1.38 和图 1.39 所示。

步骤 3：输入新建文件夹的名字“a4”，然后按【Enter】键或单击名称框外的任一位置，完成操作。

（3）在 lx2 文件夹下的 a3 文件夹下创建一个名为 f1 的文本文件。

步骤 1：选择新建文本文件存放的位置，即在资源管理器左窗格展开 lx2 文件夹，单击 a3 文件夹图标。

步骤 2：执行“文件”→“新建”→“文本文档”菜单命令，在右窗格中即会出现一个名为“新建文本文档”的新文档，如图 1.40 所示。

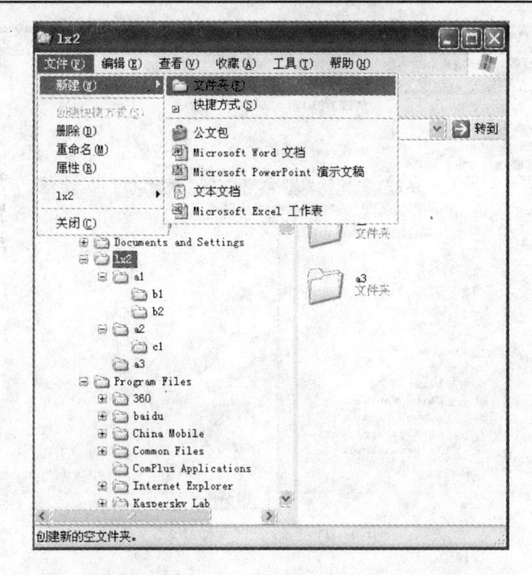

图 1.38　执行“新建文件夹”命令

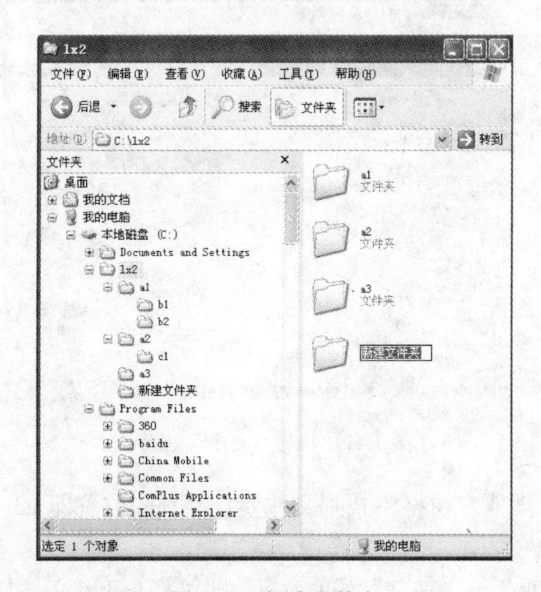

图 1.39　新建文件夹

步骤 3：输入新建文本文档的名字“f1”，然后按【Enter】键或单击名称框外的任一位置，完成操作。

（4）将文件 ae.hlp 复制到文件夹 a3 下。

步骤 1：在资源管理器左窗格中找到文件夹 b1，单击文件夹 b1 图标，在右窗格中即可看到文件夹 b1 下的两个文件，单击文件 ae.hlp，选中该文件。

步骤 2：执行“编辑”→“复制”菜单命令，如图 1.41 所示。

图 1.40　新建文本文档

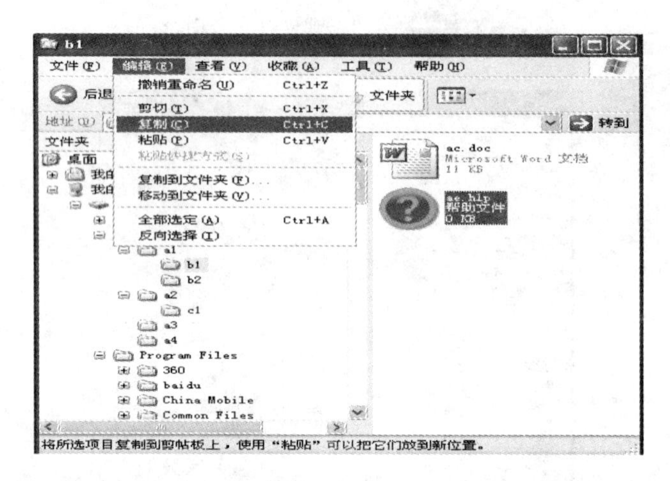

图 1.41　执行“复制”命令

步骤 3：在资源管理器左窗格中找到文件要复制到的位置即 a3 文件夹，单击 a3 文件夹图标，打开 a3 文件夹。

步骤 4：执行“编辑”→“粘贴”菜单命令，即可将 ae.hlp 文件复制到 a3 文件夹中，如图 1.42 所示。

经过上述操作，lx2 变为如图 1.43 所示的目录结构。

（5）将 a2 文件夹下的 c1 文件夹复制到 a1 文件夹下。

步骤 1：在资源管理器左窗格中找到文件夹 a2，单击文件夹 a2，在右窗格中即可看到文件夹 c1 的图标，单击文件夹 c1，选中该文件夹。

步骤 2：执行“编辑”→“复制”菜单命令。

步骤 3：在资源管理器左窗格中找到文件夹要复制到的位置即 a1 文件夹，单击 a1 文件夹，打开 a1 文件夹。

步骤 4：执行“编辑”→“粘贴”菜单命令，即可将 c1 文件夹复制到 a1 文件夹中，文件夹复制后，文件夹中的所有文件也将被复制过去。

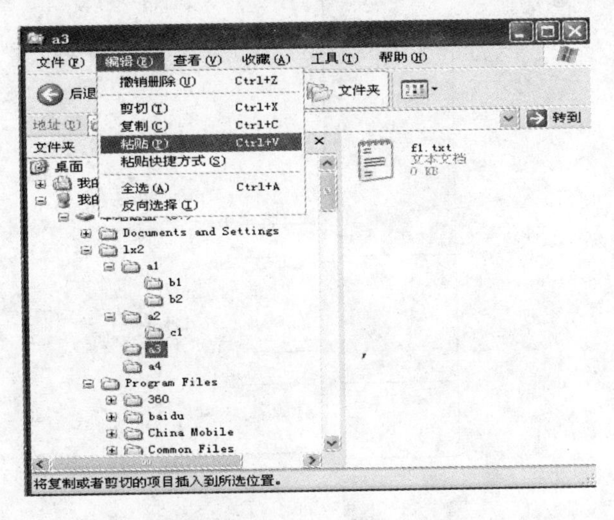

图 1.42　执行“粘贴”命令

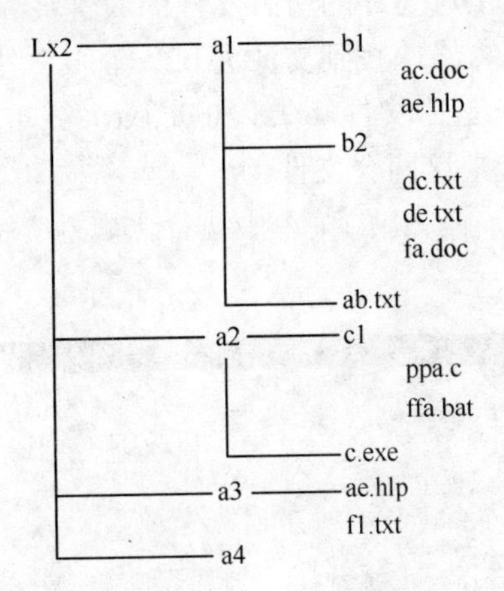

图 1.43　lx2 文件夹目录结构 2

（6）将 b1 文件夹下的文件 ac.doc 移动到 a3 文件夹下。

步骤 1：在资源管理器左窗格中找到文件夹 b1，单击文件夹 b1，在右窗格中即可看到文件 ac.doc 的图标，单击文件 ac.doc，选中该文件。

步骤 2：执行“编辑”→“剪切”菜单命令。

步骤 3：在资源管理器左窗格中找到文件要移动到的位置即 a3 文件夹，单击 a3 文件夹，打开 a3 文件夹。

步骤 4：执行“编辑”→“粘贴”菜单命令，即可将文件 ac.doc 移动到 a3 文件夹中。

此时 lx2 文件夹变为如图 1.44 所示的目录结构。

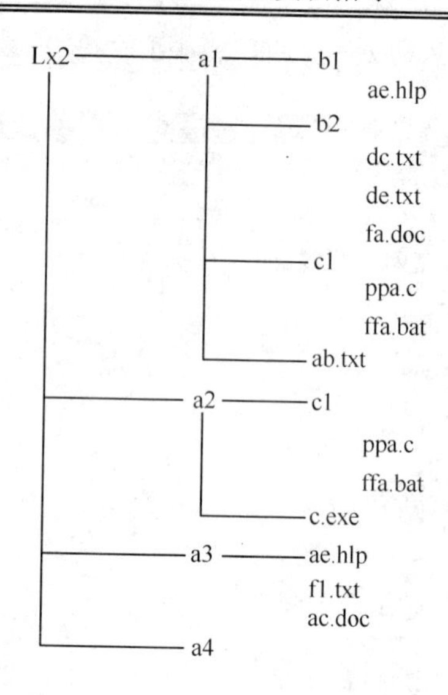

图 1.44　lx2 文件夹目录结构 3

（7）将 b2 文件夹下的首字母为 d 的所有文件的属性设置为只读。

步骤 1：在资源管理器左窗格中找到文件夹 b2，单击文件夹 b2 图标，在右窗格中即可看到文件夹 b2 下的所有文件，选中文件 dc.txt 和 de.txt。（先单击文件 dc.txt，然后按住【Ctrl】键再单击 de.txt 文件，即可选中这两个文件。）

步骤 2：单击鼠标右键，在弹出的菜单中执行“属性”命令，出现该对象的属性对话框，如图 1.45 所示。

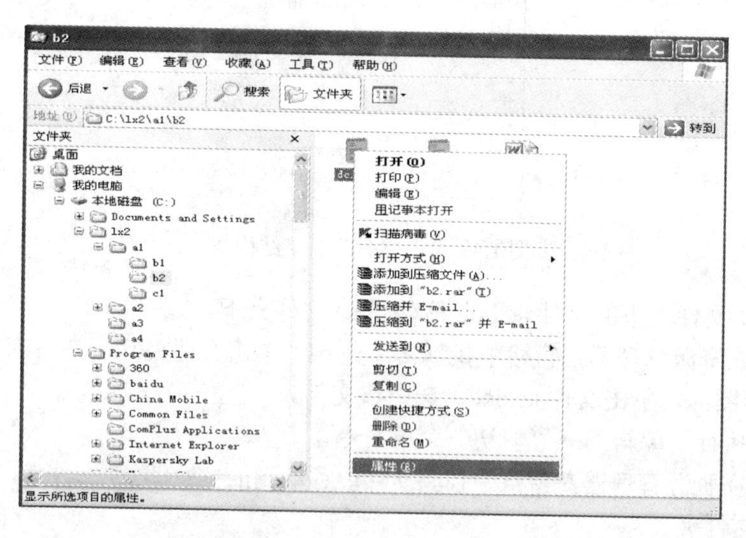

图 1.45　执行“属性”命令

步骤 3：选中“只读”属性前的复选框，使其出现“√”，如图 1.46 所示。单击 确定 按钮，保存设置。

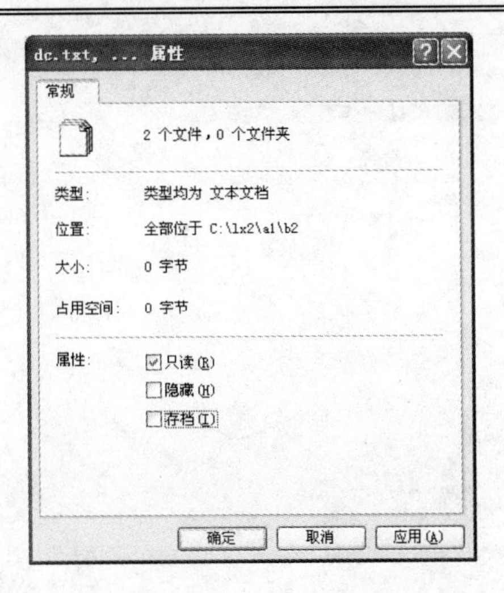

图 1.46 选中“只读”属性

（8）将 lx2\a2\c1 文件夹中的文件 ppa.c 重命名为 ba.c。

在资源管理器左窗格单击文件夹 c1。在右窗格中右击文件 ppa.c，在打开的快捷菜单中执行“重命名”命令，如图 1.47 所示，输入新文件名“ba.c”，按【Enter】键即可。

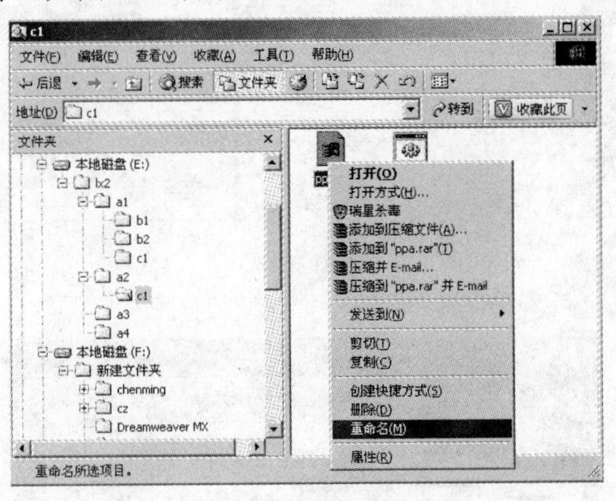

图 1.47 重命名文件

（9）在 lx2 文件夹下创建 b2 文件夹的快捷方式，快捷方式的名称为：kb2。

步骤 1：在资源管理器的左窗格中找到快捷方式要建立的目标位置 lx2，单击 lx2 文件夹，执行“文件”→“新建”→“快捷方式”菜单命令，如图 1.48 所示，即可看到创建快捷方式向导，单击 浏览(R)... 按钮，如图 1.49 所示。

步骤 2：在“浏览文件夹”对话框中，选择 b2 文件夹，单击 确定 按钮，即可看到“创建快捷方式”对话框，如图 1.50 所示。

步骤 3：单击 下一步(N) > 按钮，出现“选择程序标题”对话框，在“输入该快捷方式的名称”文本框中输入“kb2”，如图 1.51 所示。单击“完成”按钮完成快捷方式的创建。创建好的快捷方式以 kb2 图标形式出现。

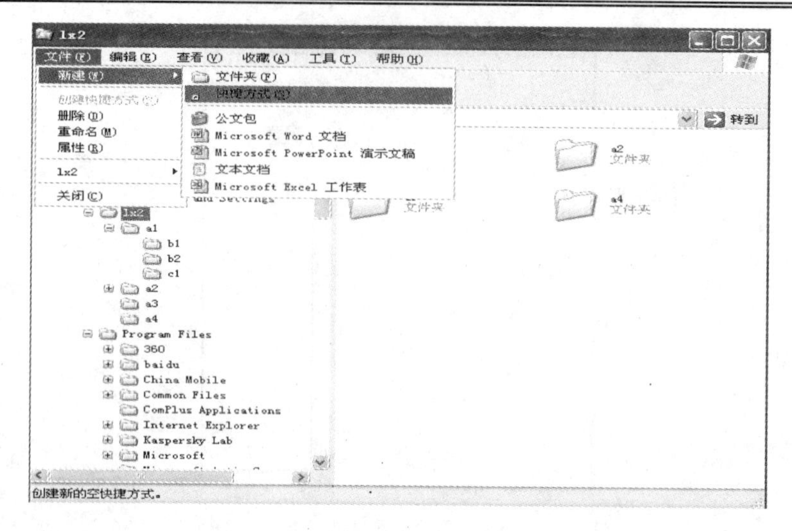

图 1.48　创建快捷方式

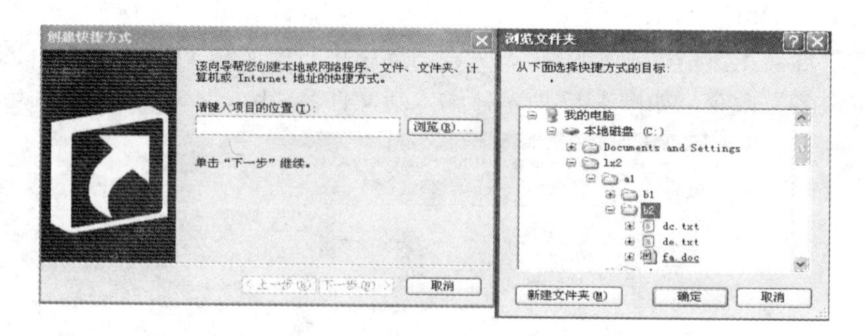

图 1.49　创建快捷方式向导

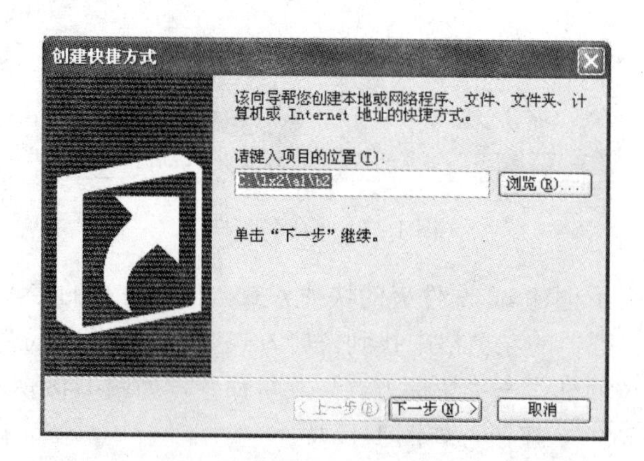

图 1.50　“创建快捷方式”对话框

（10）查找 C 盘 Program Files 文件夹下的所有大于 30KB 的文本文件。

步骤 1：在资源管理器窗口中选定 C:\Program Files 文件夹，单击工具栏上的“搜索”按钮，此时左窗格变成搜索对话框。

图 1.51 “选择程序标题”对话框

步骤 2：在搜索对话框的“全部或部分文件名”文本框中输入“*.txt”，下面的“在这里寻找”文本框中已自动选择搜索范围是 C:\Program Files。在“大小是？”单选框中选择“指定大小”，设置指定大小为“至少 30KB”。

步骤 3：单击“搜索”按钮，在右窗格中显示搜索结果，如图 1.52 所示。共搜索到 3 个符合条件的文件。如果要对它们进行复制等操作可以直接选择操作。

（11）熟悉“回收站”相关的操作。

前面所讲的删除操作，若删除的是硬盘上的文件或文件夹，系统会将其放到回收站（可以被恢复或还原到原位置），若从软盘或网络驱动器中删除的项目将被永久删除，并且不能发送到回收站。与“回收站”相关的操作主要有：“清空回收站”、“全部恢复”、“还原”、“剪切”和“删除”操作。

图 1.52 搜索文件

步骤 1：双击桌面上的“回收站”图标，在“回收站”窗口中，使用鼠标右键单击要操作的文件或文件夹，在打开的快捷菜单中执行“还原”（或“剪切”或“删除”）菜单命令，便可实现回收站中文件的“还原”（“剪切”或“删除”）操作，如图 1.53 所示。

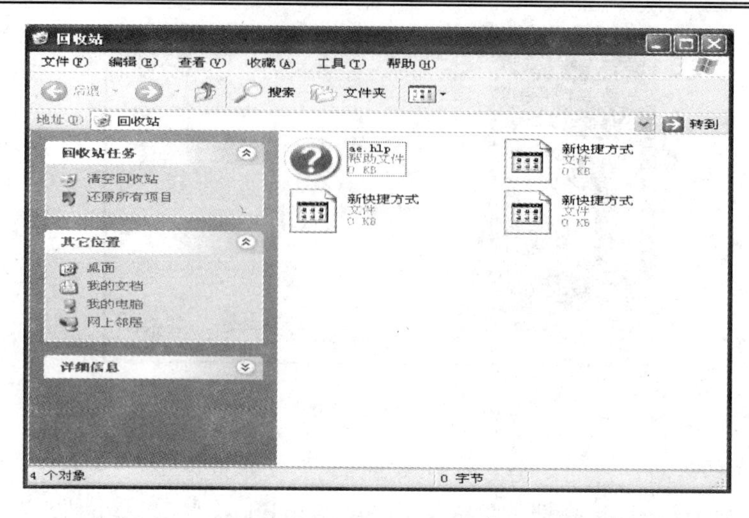

图 1.53　“回收站”窗口

步骤 2：在“回收站”窗口中，单击“全部恢复”按钮，即可将“回收站”中的文件全部恢复。

步骤 3：在“回收站”窗口中，单击“清空回收站”按钮，即可将“回收站”中的文件全部删除。

6. 归纳说明

（1）资源管理器窗口的相关操作。

① 显示或隐藏工具栏。单击“查看”菜单中的“工具栏”，在“标准按钮”上单击鼠标，即取消“标准按钮”前的选中标记“√”，标准工具栏即被隐藏。重复刚才的操作，再次单击“标准按钮”，显示标准工具栏。

② 调整左右窗格的大小。将鼠标停留在左右窗格的边界上时，等鼠标指针变成双向箭头时“ ↔ ”，按住鼠标左键拖动边界即可调整左右窗格的大小。

③ 显示或关闭“文件夹”列表。单击工具栏上的“文件夹”按钮 文件夹 可以显示或关闭“文件夹”列表。

④ 展开和折叠文件夹。在左窗格中分别单击“我的文档”、“我的电脑”前的“+”符号，可在左窗格中展开相应的文件夹结构，观察右窗格的内容是否有变化，再单击“我的电脑”前的“-”符号，则“我的电脑”中相应的文件夹折叠起来。

（2）在复制和移动文件或文件夹时，如果被复制的文件或文件夹不止一个，可以先选中多个文件或文件夹，再执行“复制”、“剪切”、“粘贴”命令。

（3）也可以使用鼠标右键单击选中的目标，在打开的快捷菜单中找到“复制”、“粘贴”、“属性”等命令，如图 1.54 所示。

（4）复制和移动文件或文件夹也可通过鼠标的拖动进行操作。复制文件或文件夹的方法是先选中需复制的文件，然后按住【Ctrl】键，同时按住鼠标左键并拖动至目标文件夹后释放鼠标，则该文件被复制到目标文件夹中；在不同的本地磁盘间复制时，可不按【Ctrl】键。移动文件也可通过鼠标的左键拖动进行操作，方法是先选中需移动的文件，然后按住【Shift】键同时按住鼠标左键并拖动至目标文件夹后释放鼠标，则该文件被移动到目标文件夹中；同一磁盘间移动时，可不按【Shift】键。

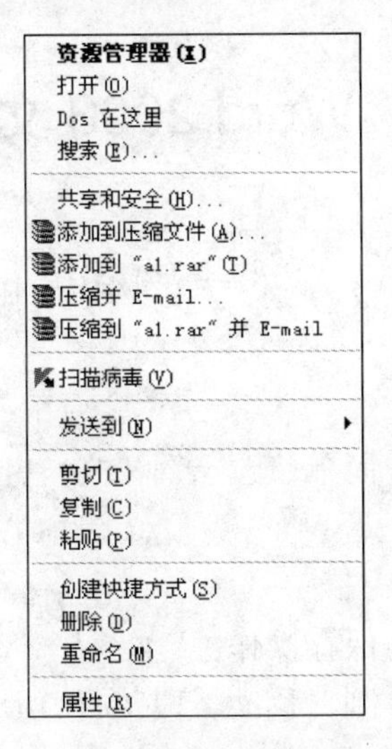

图 1.54　文件夹的快捷菜单

（5）如果移动、复制的是文件夹，则文件夹中的文件和文件夹也被移动、复制过去。

（6）复制与移动的区别是，“移动”指文件或文件夹从原来位置上消失，出现在新的位置上。“复制”指原来位置上的文件或文件夹仍保留，在新的位置上建立原来文件或文件夹的复制品。

（7）在修改文件名时，注意正在使用的文件不能改名。

7．拓展训练项目

训练 1：

（1）在 D:\TZPC 文件夹下分别创建 KANG1 和 KANG2 两个文件夹。

（2）将 D:\TZPC 文件夹下的 MING.FOR 文件复制到 KANG1 文件夹中。

（3）将 D:\TZPC 文件夹下的 HWAST 文件夹中的文件 XIAN.TXT 重命名为 YANG.TXT。

（4）搜索 D:\TZPC 文件夹中的 FUNC.WRI 文件，然后将其设置为“只读”属性。

（5）为 D:\TZPC 文件夹下的 SDTA\LOU 文件夹创建名为 KLOU 的快捷方式，并存放在 D:\TZPC 文件夹下。

训练 2：

（1）将 D:\TZPC 文件夹下的 KEEN 文件夹设置成“只读”和“存档”属性。

（2）将 D:\TZPC 文件夹下的 QEEN 文件夹移动到 D:\TZPC 文件夹下的 NEAR 文件夹中，并改名为 SUNE。

（3）将 D:\TZPC 文件夹下的 DEEN\DAIR 文件夹中的文件 TOUR.PAS，复制到 D:\TZPC 文件夹下的 CRY\SUMMER 文件夹中。

（4）将 D:\TZPC 文件夹下的 CREAM 文件夹中的 SOUP 文件夹删除。

（5）在 D:\TZPC 文件夹下创建一个名为 TESE 的文件夹。

第 2 章　Word 2003 文字处理

项目 1　论文的编辑排版

1．能力目标

能使用 Word 2003 的相关命令简单修改一篇论文，并能对论文进行页面、文字和段落的排版。

2．知识目标

（1）掌握文档的新建、打开与保存操作；

（2）掌握文本内容的编辑（复制、移动、段落合并及分开等）操作；

（3）掌握文本的查找与替换；

（4）掌握页面设置，页眉、页脚的设置；

（5）掌握文字、段落的排版；

（6）了解脚注尾注的引用；

（7）了解样式的操作。

根据范文的要求，如图 2.1 所示，对论文进行排版。

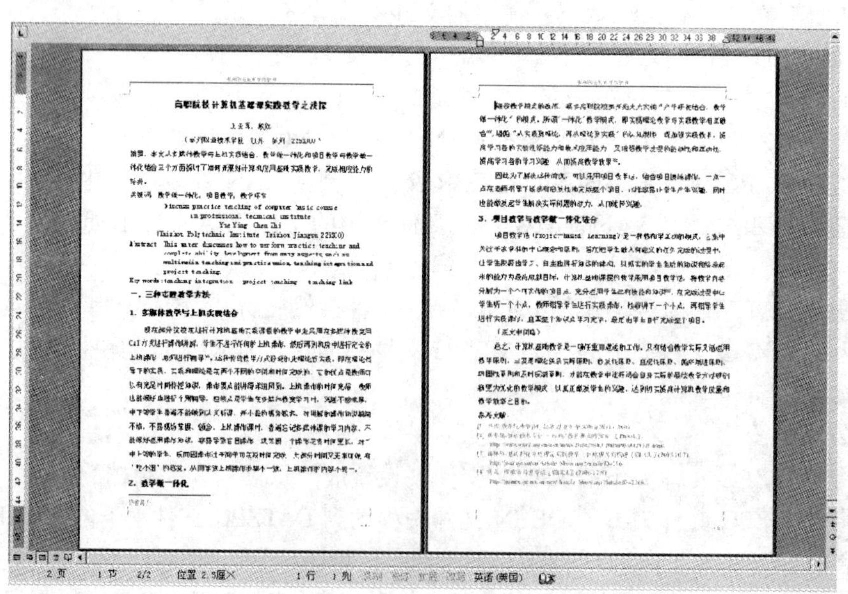

图 2.1　范文

3．项目描述

子项目 1：参照范文输入中文论文的标题“高职院校计算机基础课实践教学之浅探”；将“论文.doc”中“现在部分院校……老师进行辅导。”这段和“这种传统教学方式……上机操作的内容不统一。”这段合并；从“上机操作课时……”开始将“现在部分院校……内容不统一。”这段拆分成两段；将“计算机基础课程的教学……自行完成整个项目。”和“项目教学法……为最高成就目标。”两段交换位置。

子项目 2：将“计算机基础课程的教学……自行完成整个项目。”这段中的“项目”替换为加粗，字号为三号，颜色为红色的“Project”。

子项目 3：对“论文.doc”进行如下页面设置：纸张设置为“A4”，上下页边距为“2.6 厘米”，左右页边距为“3 厘米”。给“论文.doc”加上页眉，页眉的内容为“泰州职业技术学院学报”，居中排列；在页脚中插入“自动图文集”中的“.页码 .”，对齐方式为右对齐，页眉页脚距边界“1.4 厘米”。

子项目 4：对“论文.doc”的中文论文标题、各标题及参考文献进行如下格式设置：中文论文标题设置为黑体、加粗、三号字、字符缩放 85%、字符间距加宽 1 磅；参考文献的中文字体设置为宋体、五号字，英文字体设置为 Times New Roman、五号字；“一、三种实践教学方法……教学效率之目的。”中的各标题字体设置为宋体、四号、加粗；正文中的“[1]”、“[2]”、“[3]”、“[4]”的字体设置为上标格式。

对中文论文标题、作者和单位以及各段进行如下段落格式设置：中文论文标题、作者和单位居中排列；中文标题的段后间距为 0.5 行；设置“一、三种实践教学方法……教学效率之目的。”各段的行间距为 1.5 倍行距；参照范文将“一、三种实践教学方法……教学效率之目的。”中除标题外的各段首行缩进 2 个字符。

子项目 5：参照范文，在“论文.doc”的中文论文单位后插入脚注。脚注位置为“页面底端”，脚注的起始编号为“1”，脚注内容为“作者简介”。

4．解决方案

子项目 1 可以通过执行“编辑”→“复制”/“移动”菜单命令来实现；

子项目 2 可以通过执行“编辑”→“查找”/“替换”菜单命令来实现；

子项目 3 可以通过执行“文件”→“页面设置”→“视图”→“页眉和页脚”菜单命令来实现；

子项目 4 可以通过执行“格式”→“字体”和“段落”命令来实现；

子项目 5 可以通过使用“插入”→“引用”→“脚注和尾注”命令来实现。

5．实现步骤

实验准备：启动 Word 应用程序，打开 PJ14 文件夹中的“论文.doc”文件。

子项目 1 的实现方法如下。

步骤 1：打开文件“论文.doc”，将光标插入到第一段的最前面，在第一段的前面插入一空行。

步骤 2：将光标移至空行，参照范文输入中文论文标题“高职院校计算机基础课实践教学之浅探”。

步骤 3：将“论文.doc”中“现在部分院校……老师进行辅导。”这段和“这种传统教学方式……上机操作的内容不统一。”合并变为一段。

将光标插入到“现在部分院校……老师进行辅导。”的后面，按【Delete】键即可和后面“这种传统教学方式……操作的内容不统一。”这段合并为一段；此时原文如图 2.2 所示。

步骤 4：将“论文.doc”中从“上机操作课时……”到“现在部分院校……内容不统一。”这段拆分成两段。将光标插入到“上机操作课时……”的前面，按【Enter】键即可另起一段，此时原文如图 2.3 所示。

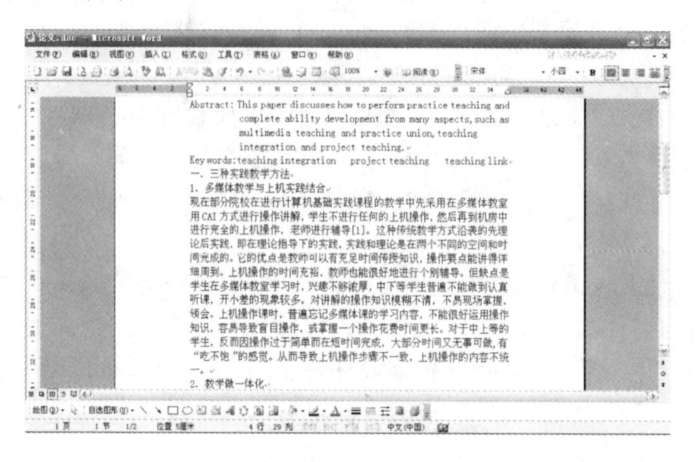

图 2.2　合并段落

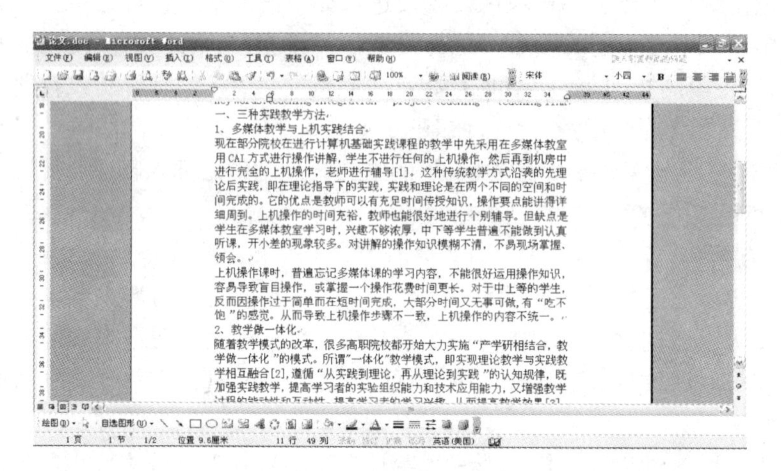

图 2.3　段落拆分

步骤 5：将“论文.doc”中的“计算机基础课程的教学……自行完成整个项目。”和“项目教学法……为最高成就目标。”两段交换位置。

将鼠标置于“项目教学法……为最高成就目标。”这段工作区的左边界空白处即文本选择区，鼠标指针在选择区中会变成一个右斜箭头，双击鼠标选中这段；再执行“编辑”→“剪切”菜单命令；

将插入点移动到“计算机基础课程的教学……自行完成整个项目。”的最前面，再执行“编辑”→“粘贴”菜单命令，此时原文如图 2.4 所示。

子项目 2 的实现方法如下。

步骤 1：在“计算机基础课程的教学……自行完成整个项目。”这段文字左侧的选择区双击鼠标，选中这段文字。

步骤 2：执行“编辑”→“替换”菜单命令，打开“查找和替换”对话框，单击“高级”按钮，打开“高级”选项，在查找内容中输入“项目”，将光标插入“替换为”文本框中，再单击“格式”按钮，选择其中的“字体”选项卡，打开“替换字体”对话框，分别设置字形为“加粗”、字号为“四号”、字体颜色为“红色”，如图 2.5 所示，单击 确定 按钮。

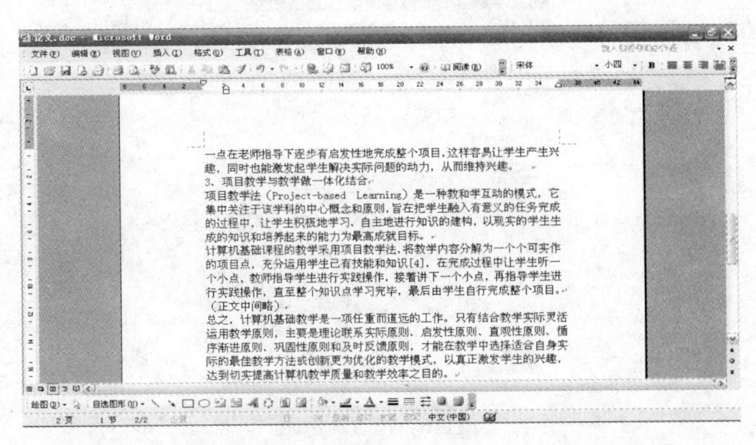

图 2.4　交换段落位置

图 2.5　“查找和替换”对话框

步骤 3：单击“全部替换”按钮，在出现的对话框中选择“否”，在替换完成后的消息对话框中单击 确定 按钮，表示已完成对文档搜索并已完成 3 处替换。

步骤 4：在“查找和替换”对话框中再单击“取消”按钮，关闭“查找和替换”对话框。

子项目 3 的实现方法如下。

步骤 1：执行“文件”→“页面设置”菜单命令，打开“页面设置”对话框，单击“页边距”选项卡，按要求将上下页边距设置为“2.6 厘米”，左右页边距设置为“3 厘米”，如图 2.6 所示。

步骤 2：单击“纸张”选项卡，在“纸张大小”下拉列表中选择“A4”。

步骤 3：执行“视图”→“页眉页脚”菜单命令，出现“页眉和页脚”工具栏，如图 2.7 所示。在页眉中输入“泰州职业技术学院学报”，单击“格式”工具栏中的“居中”按钮，使页眉居中排列；在“页眉页脚”工具栏中单击“页眉页脚切换”按钮，切换到页脚，在插入“自动图文集”的下拉列表框中选择“.页码.”，单击“格式”工具栏中的“右对齐”按钮，使页码右对齐排列。

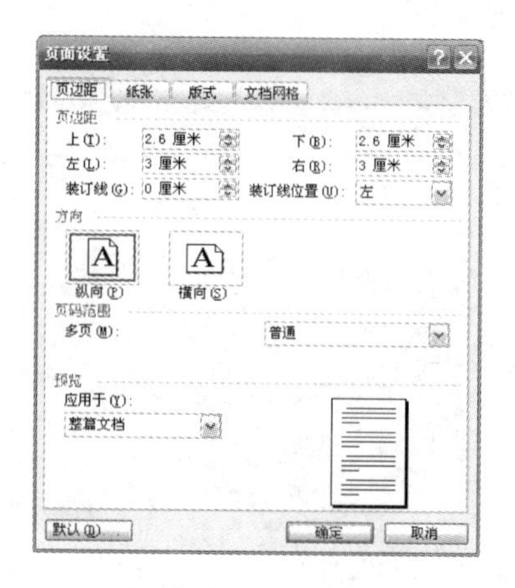

图 2.6　设置页边距

图 2.7　“页眉和页脚”工具栏

步骤 4：在“页眉和页脚”工具栏中单击“页面设置”按钮，在“版式”标签中设置页眉和页脚距边界的距离为“1.4 厘米”，单击 确定 按钮；最后单击“页眉和页脚”工具栏中的“关闭”按钮，关闭“页眉和页脚”工具栏。

子项目 4 的实现方法如下。

步骤 1：按住鼠标左键，拖动鼠标选择中文论文标题“高职院校计算机基础课实践教学之浅探”，执行“格式”→“字体”菜单命令，打开“字体”对话框，在“字体”选项卡中分别设置中文字体为“黑体”，字形为“加粗”、字号为“三号”，如图 2.8 所示；在“字符间距”选项卡中设置字符缩放 85%、字符间距加宽 1 磅，如图 2.9 所示，单击 确定 按钮。

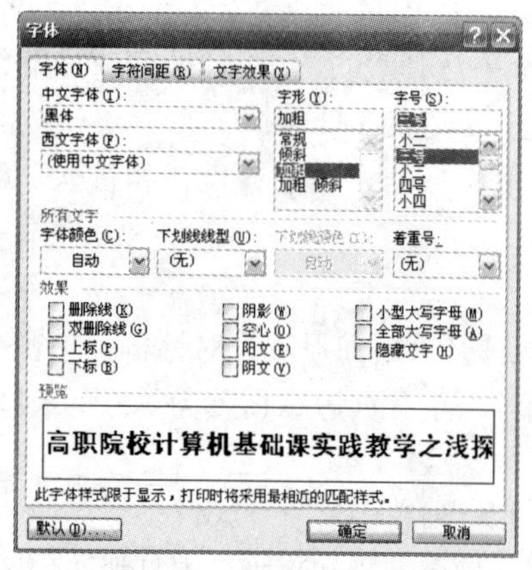

图 2.8　“字体”选项卡

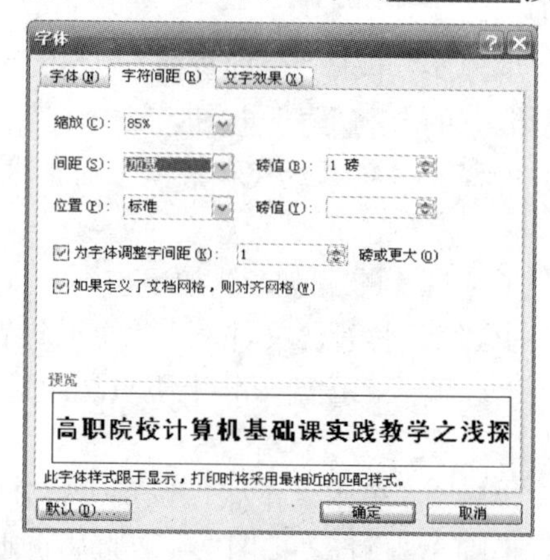

图 2.9　“字符间距”选项卡

步骤 2：参照范文，按住键盘上的【Ctrl】键，拖动鼠标依次选中“一、三种实践教学方法……教学效率之目的。”中的各标题，执行“格式”→“字体”菜单命令，打开“字体”对话框，在“字体”选项卡中分别设置中文字体为“宋体”，字号为“四号”，字形为“加粗”，单击确定按钮。

步骤 3：按住鼠标左键，拖动鼠标选择从“[1]邓杰.教育技术学[M]……”开始直至文档末尾的各段，执行“格式”→“字体”菜单命令，打开“字体”对话框，在“字体”选项卡中分别设置中文字体为“宋体”，英文字体为“Times New Roman”、字号为“五号”，单击确定按钮。

步骤 4：参照范文，按住鼠标左键，拖动鼠标选择“老师进行辅导[1]”中的“[1]”，执行“格式”→“字体”菜单命令，打开“字体”对话框，在“字体”选项卡中选择效果下的“上标”复选框，单击确定按钮。以同样方法，设置正文中的“[2]”、“[3]”、“[4]”的字体为上标格式。

步骤 5：按住鼠标左键，拖动鼠标选择中文论文标题、作者和单位，单击“格式”工具栏中的“居中”按钮。

步骤 6：将光标插入到中文论文标题的段落中，执行“格式”→“段落”菜单命令，打开“段落”对话框，在“缩进和间距”选项卡中设置“段后”为 0.5 行，如图 2.10 所示，单击确定按钮。

步骤 7：按住鼠标左键，拖动鼠标选择“一、三种实践教学方法……教学效率之目的。”文字，执行“格式”→“段落”菜单命令，打开“段落”对话框，在“缩进和间距”选项卡中设置“行距”为“1.5 倍行距”，单击确定按钮。

步骤 8：按住鼠标左键，拖动鼠标选择“现在部分……上机操作的内容不统一。”文字，执行“格式”→“段落”菜单命令，打开“段落”对话框，在“缩进和间距”选项卡中设置“特殊格式”为“首行缩进”，“度量值”为“2 字符”，如图 2.11 所示，单击确定按钮。参照范文，使用同样方法完成除标题外的其余段落的设置。

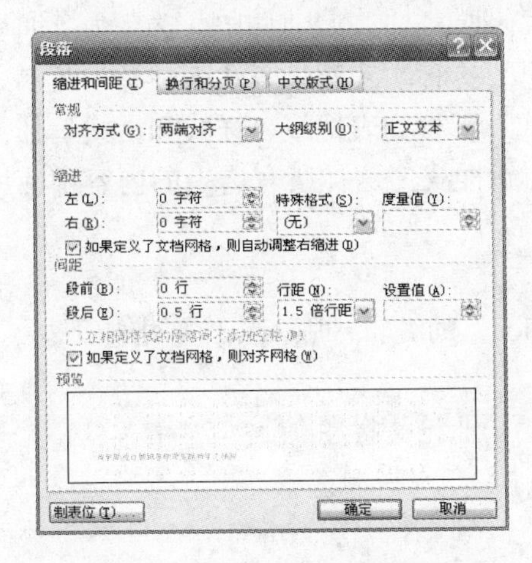

图 2.10　“缩进和间距”选项卡

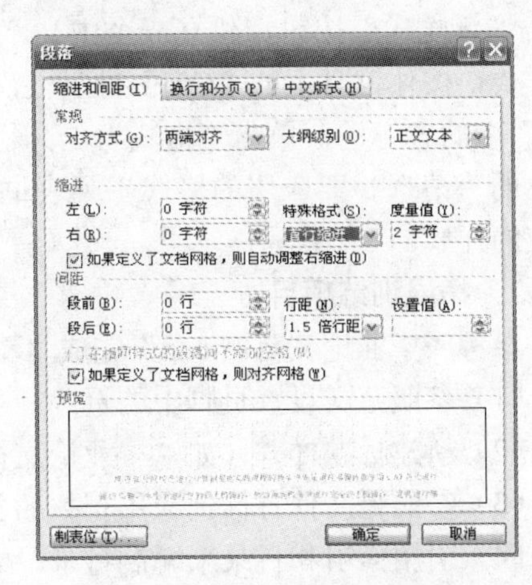

图 2.11　设置首行缩进

子项目 5 的实现方法如下。

步骤 1：将光标插入到“(泰州职业技术学院　江苏　泰州　225300)”文字的后面，执行“插入”→“引用”→“脚注和尾注”菜单命令。打开“脚注和尾注”对话框，选择“脚注”、位置为“页面底端”，编号格式为“1，2，3，…”、起始编号为“1”，单击 确定 按钮。

步骤 2：在页面底端“1”后的光标处，输入“作者简介”。

步骤 3：保存文件，执行“文件”→“保存”菜单命令，按原文件名“论文.doc”进行保存。

6. 归纳说明

本项目的重点在对 Word 文档中内容的调整和页面、字体和段落的格式设置，此外在本项目中还应注意以下方面：

(1) 在页眉页脚设置中，如要设置页码格式，可单击“页眉和页脚”工具栏中的“设置页码格式”按钮进行设置。例如：需要的页码为“一、二、三…”等。另外对于页眉和页脚中的文字也可以执行“格式”→“字体”菜单命令设置字体、字号等格式。

(2) 在 Word 文档中如果出现红色的波浪线，则表示英文拼写错误。如果出现绿色的波浪线，则表示语法错。这时可执行“工具”→“拼写和语法”菜单命令，弹出“拼写和语法”对话框，根据实际情况进行拼写和语法检查。

(3) 对于不连续的段落或字符，为保证格式的一致或者加快格式设置的速度，可以使用“常用”工具栏中的“格式刷”按钮进行格式复制。选定要被复制格式的段落或字符，单击“格式刷”按钮，鼠标指针形状变为“刷子”形状，然后选定要复制格式的字符、段落或段落标记即可实现格式复制。双击“格式刷”按钮可实现多次复制格式。要取消“格式刷”状态，可按【Esc】键或单击“格式刷”按钮。

(4) 将“一、三种实践教学方法……教学效率之目的。”中的各标题字体设置为宋体、四号、加粗，还可以使用样式和格式来完成，执行“格式”→“样式和格式”菜单命令，单击“新样式”按钮，建立一个中文字体为“宋体”，字形为“加粗”、字号为“四号”的样式，按住键盘上的【Ctrl】键，依次选中“一、三种实践教学方法……教学效率之目的。”中的各标题，单击“格式”工具栏中“样式”下拉列表框或“样式和格式”任务窗格中的“请选择要应用的格式”列表框中对应的新样式。这样所有选中的内容都应用了对应的样式。

7. 拓展训练项目

参考“毕业论文范例.doc”完成“毕业论文.doc”的编辑排版，操作要求如下：

(1) 参照范文设置页脚中的页码。

(2) 新建标题样式（如“毕业论文标题 1”、“毕业论文标题 2”）。

(3) 参照范文使各标题应用相关的新样式。

(4) 引用索引和目录来编制目录。

项目 2 电子海报的艺术制作

1. 能力目标

能使用 Word 2003 中“插入”、“格式”等菜单中的相关功能设置一篇图文混排的 Word 文档。

2. 知识目标

（1）掌握分栏的操作；

（2）掌握首字下沉的编排；

（3）掌握图文混排的编辑；

（4）掌握艺术字的排版；

（5）掌握文本框的应用；

（6）掌握项目符号和编号的设置；

（7）了解绘图工具的使用。

3. 项目描述

项目：小王是院学生会的一名同学，最近他接受了一项任务，为了贯彻十七大精神创建和谐校园，要制作一份电子海报进行宣传，要求主题突出，布局美观，图文并茂，别具一格（如图 2.12 所示）。下面就是小王的解决方案。

图 2.12 范文

子项目 1：参照范文输入海报的标题“构建和谐校园”，并设置标题字体为黑体、加粗、初号、字体颜色为红色、字符缩放 120%、字符间距加宽 2 磅。在标题后插入图片“flower.bmp”，并参照范文在标题及标题图片的下方加入 3 磅蓝色双线。

子项目 2：参照范文，插入“素材 1.doc”文件，并将段落设置为首字下沉的格式，字体为“黑体”、下沉行数为“2 行”、距正文“0.5 厘米”。同时在第一段的右侧加入自选图形“可选过程”，设置格式为 1.5 磅橙色实线，版式为“四周型”，并输入文字内容，设置字体为楷体加粗，颜色为蓝色，字号为小四号。

子项目 3：参照范文，插入“素材 2.doc”，并将该段分 2 栏，栏宽相等。在海报的左侧插入竖排文本框，设置文本框格式为 2.25 磅绿色方点，版式为“四周型”左对齐，并输入内容“景的和谐是窗口”，设置字体为黑体加粗，字体颜色为蓝色，字号为小三号；段落中间插入“艺术字库”中第 3 行第 1 列式样的 36 号加粗华文新魏的艺术字“和谐校园”，并设置艺术字形状为“正 V 形”，版式为“四周型”。

子项目 4：参照范文，插入“素材 3.doc”，并给“合理使用电脑 构建和谐校园”标题加上红色、1.5 磅的边框和青绿色的底纹。将“要有明确的目的……充满着挑战和快乐。”的三段设置为“一、二、三”的项目符号和编号的格式。

子项目 5：参照范文在海报右侧插入高 3.5 厘米，宽 4 厘米的图片“computer.wmf”，设置版式为“四周型”右对齐，并设置海报页脚为“宣传单位：泰州职业技术学院”，居中排列。

4. 解决方案

子项目 1 可以通过执行“格式”→“字体”菜单命令和“插入”→“图片”菜单命令来实现，利用绘图工具栏来实现标题横线的绘制操作。

子项目 2 可以通过执行“插入”→“文件”菜单命令和“格式”→“首字下沉”菜单命令来实现，利用绘图工具栏来实现自选图形的绘制操作。

子项目 3 可以通过执行“格式”→“分栏”菜单命令和“插入”→“文本框”菜单命令，以及“图片”→“艺术字”菜单命令来实现。

子项目 4 可以通过执行“格式”→“边框和底纹”菜单命令和“项目符号和编号”命令来实现。

子项目 5 可以通过执行“插入”→“图片”菜单命令，以及“视图”→“页眉和页脚”菜单命令来实现。

5. 实现步骤

实验准备：启动 Word，新建一个空白文档，按【Enter】键空出一个空行。

子项目 1 的实现方法如下。

步骤 1：将光标插入工作区的第一行输入“构建和谐校园”文字；

步骤 2：按住鼠标左键，拖动鼠标选择海报标题“构建和谐校园”，执行“格式”→“字体”菜单命令，打开“字体”对话框，在“字体”选项卡中分别设置中文字体为“黑体”，字形为“加粗”、字号为“初号”，字体颜色为“红色”，在“字符间距”选项卡中设置字符缩放 120%、字符间距加宽 2 磅，单击 确定 按钮。

步骤 3：在标题后插入图片“flower.bmp”。

将光标插入到标题的后面，执行“插入”→“图片”→“来自文件”菜单命令，打开“插入图片”对话框，在 PJT5 文件夹中，选择“flower.bmp”图片文件插入。

步骤 4：参照范文在标题及标题图片的下方加入标题横线。

在绘图工具栏中，选择“直线”在第一行与第二行之间画一条水平直线，选中直线设置线型为“3 磅双线型”，线条颜色为“蓝色”，如图 2.13 所示。

图 2.13　绘图工具栏

子项目 2 的实现方法如下。

步骤 1：参照范文，插入“素材 1.doc”文件。

将光标插入到第二行，执行“插入”→“文件”菜单命令，打开“插入文件”对话框，在 PJT5 文件夹中选择“素材 1.doc”文件插入。

步骤 2：将海报的第一段设置为首字下沉的格式。

将光标插入到第一段中，执行“格式”→“首字下沉”菜单命令，打开“首字下沉”对话框，设置字体为“黑体”、下沉行数为“2 行”、距正文为“0.5 厘米”，单击确定按钮，如图 2.14 所示。

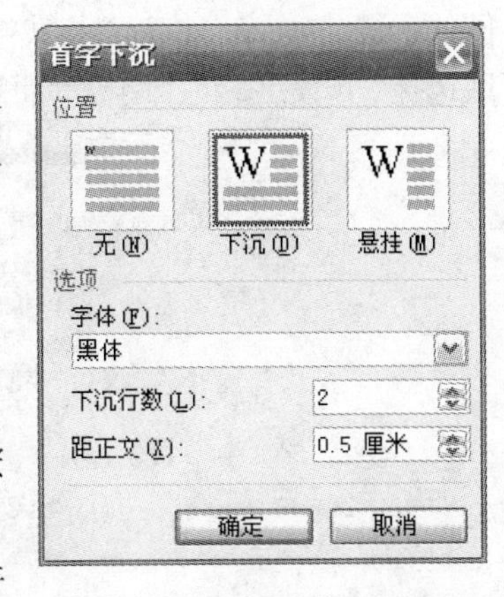

图 2.14　“首字下沉”对话框

步骤 3：参照范文，在第一段的右侧加入自选图形，并输入文字内容。

在绘图工具栏中，选择“自选图形”→“流程图”→“可选过程”图形，参照范文，在适当位置拖动鼠标生成图形。

选中图形，单击鼠标右键，在打开的快捷菜单中执行“添加文字”命令，参照范文，在图形中出现的光标插入点后输入文字内容，适当调整图形大小；

按住鼠标左键，拖动鼠标选择图形中的文字，执行“格式”→“字体”菜单命令，打开“字体”对话框，在“字体”选项卡中分别设置中文字体为“楷体_GB2312”，字形为“加粗”、字号为“小四”，字体颜色为“蓝色”，单击确定按钮。

选中图形，单击鼠标右键，在打开的快捷菜单中执行“设置自选图形格式”命令，设置线条颜色为橙色，线条线型为“1.5 磅”实线，如图 2.15 所示，版式为“四周型”，如图 2.16 所示，单击确定按钮，适当调整图形至适当位置。

图 2.15　“颜色与线条”选项卡

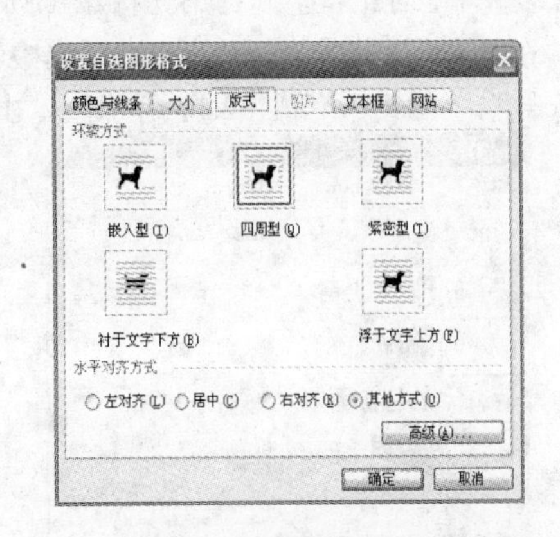

图 2.16　“版式”选项卡

子项目 3 的实现方法如下。

步骤 1：参照范文，插入“素材 2.doc”，将光标插入到第一段末尾，按【Enter】键使其与第一段之间空出一行。

步骤 2：参照范文，将子项目 1 中插入的文字部分分成 2 栏，栏宽相等。

按住鼠标左键，拖动鼠标选择“校园的和谐是有外在的表现形式……感知校园的文化、校园的和谐。”文字，执行“格式”→“分栏”菜单命令，打开“分栏”对话框，设置栏数为“2”或选择“预设”中的“两栏”，再选中“栏宽相等”复选框，如图 2.17 所示，单击 确定 按钮。

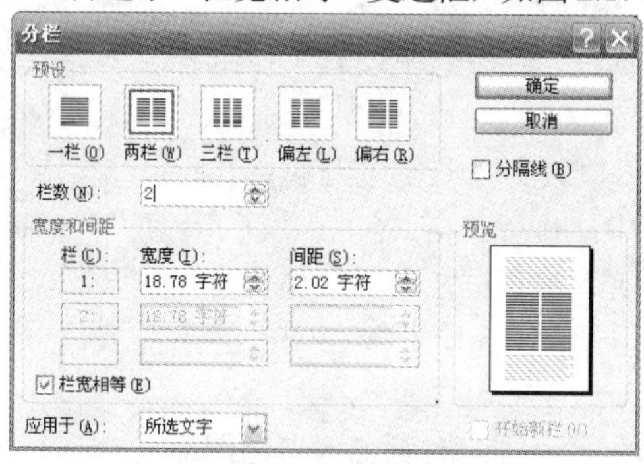

图 2.17　“分栏”对话框

步骤 3：执行“插入”→“文本框”菜单命令，选择“竖排”，参照范文，在适当位置拖动鼠标插入文本框，输入段落标题“景的和谐是窗口”。

步骤 4：按住鼠标左键，拖动鼠标选择文本框中的文字，执行“格式”→“字体”菜单命令，打开“字体”对话框，在“字体”选项卡中分别设置中文字体为“黑体”，字形为“加粗”、字号为“小三”，字体颜色为“蓝色”，单击 确定 按钮。

步骤 5：选中文本框，单击鼠标右键，在打开的菜单中执行“设置文本框格式”命令，设置线条颜色为“绿色”，线条线型为“2.25 磅方点”，版式为“四周型”，水平对齐方式为“左对齐”，单击 确定 按钮。

步骤 6：将光标放在段落中，执行“插入”→“图片”→“艺术字”菜单命令，打开“艺术字库”对话框，选择第 3 行第 1 列的艺术字式样，如图 2.18 所示，单击 确定 按钮后，在“编辑‘艺术字’文字”对话框中输入文字“和谐校园”，并设置字体为“华文新魏”、“36 号”、“加粗”，如图 2.19 所示，单击 确定 按钮；

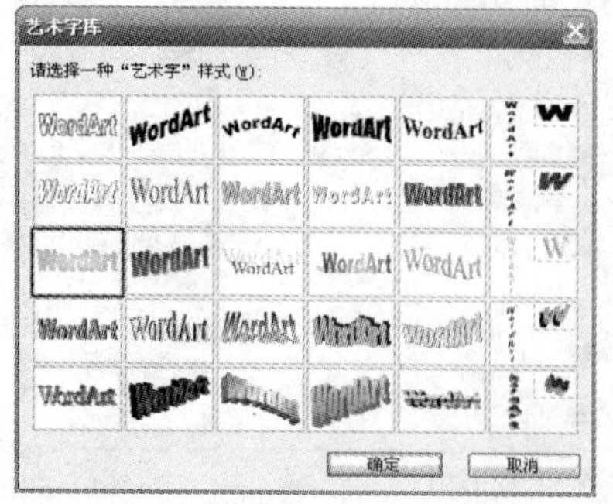

图 2.18　“艺术字库”对话框

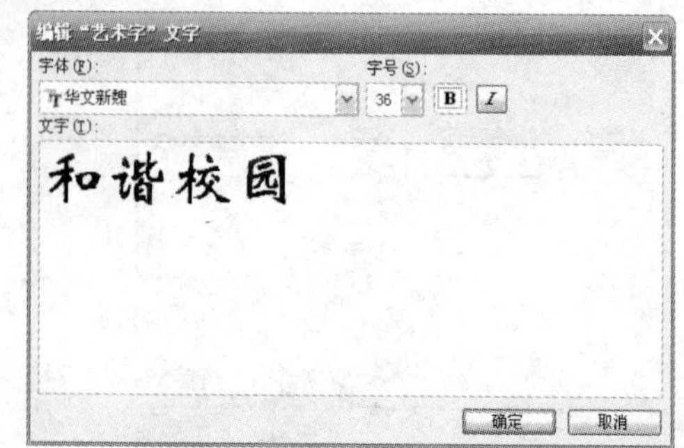

图 2.19　“编辑‘艺术字’文字”对话框

步骤 7：选中艺术字，单击鼠标右键，在打开的菜单中执行“设置艺术字格式”命令，设置版式为“四周型”，选中艺术字，在“艺术字”工具栏中，如图 2.20 所示，单击“艺术字形状”按钮，选择“正 V 形”，改变艺术字形状。

图 2.20　“艺术字”工具栏

步骤 8：适当调整艺术字至适当位置。

子项目 4 的实现方法如下。

步骤 1：将光标插入到“合理使用电脑构建和谐校园”标题中，执行“格式”→“边框和底纹”菜单命令，打开“边框和底纹”对话框，如图 2.21 所示，在“边框”选项卡中先单击设置中的“方框”，再设置颜色为“红色”，宽度为“1.4 磅”，“应用于”为“段落”，在“底纹”选项卡下，设置填充为“”，“应用于”为“段落”，单击确定按钮。

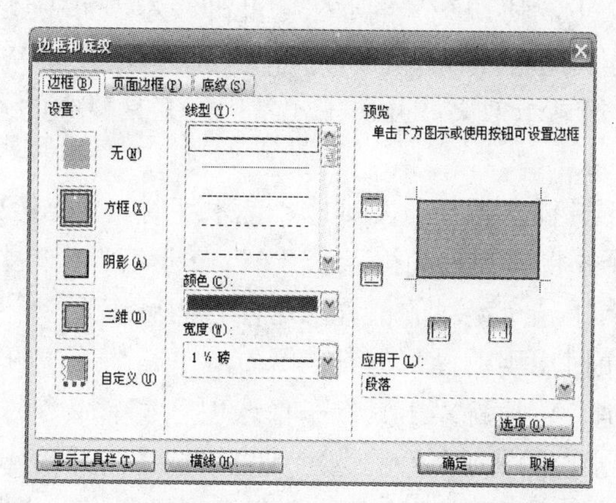

图 2.21　“边框和底纹”对话框

步骤 2：按住鼠标左键，拖动鼠标选择“要有明确的目的……充满着挑战和快乐。”的三段文字，执行“格式”→“项目符号和编号”菜单命令，打开“项目符号和编号”对话框，在“编号”选项卡中单击相应的编号类型，如图 2.22 所示，单击确定按钮。

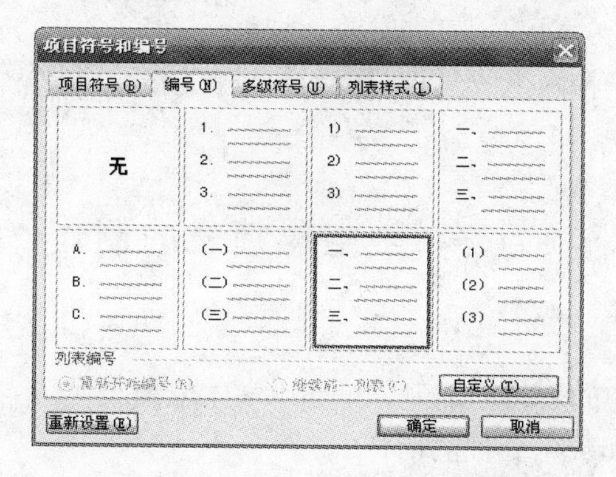

图 2.22　“项目符号和编号”对话框

子项目 5 的实现方法如下。

步骤 1：执行“插入”→“图片”→“来自文件”菜单命令，打开“插入图片”对话框，在 PJT5 文件夹中，选择“computer.wmf”图片文件插入；选中图片，单击鼠标右键，在打开的快捷菜单中执行“设置图片格式”命令，打开“设置图片格式”对话框，设置版式为“四周型”，水平对齐方式为“右对齐”；在“大小”选项卡下，先取消“锁定纵横比”的选定，再设置高度为“3.5 厘米”，宽度为“4 厘米”，单击 确定 按钮。

步骤 2：执行“视图”→“页眉页脚”菜单命令，出现“页眉页脚”工具栏，在“页眉页脚”工具栏中单击“页眉页脚切换”按钮，切换到页脚，在页脚中输入“宣传单位：泰州职业技术学院”，单击“格式”工具栏中的“居中”按钮，使页脚居中排列。

保存文件：执行“文件”→“保存”菜单命令或单击“保存”按钮，把该文档用“电子海报.doc”的文件名保存在 PJT5 文件夹中。

6. 归纳说明

本项目的重点是能够使用 Word 2003 对文字、图片、艺术字、文本框、图形等对象综合排版，从而达到美观大方，协调统一的要求。此外在本项目中还应注意以下方面：

（1）完成项目后请详细比较在各种不同的视图（即“普通”、“Web 版式”、“页面”、“大纲”和“阅读版式”）下的显示效果。并单击“常用”工具栏中的“打印预览”按钮进行打印预览。

（2）在进行绘制图形、插入图片、文本框、艺术字时，Word 2003 会自动创建绘图画布，在其中可以绘制多个图形，其意义相当于一个“图形容器”。因为形状包含在绘图画布内，画布中所有对象就有了一个绝对的位置，这样它们可作为一个整体移动和调整大小，还能避免文本中断或分页时出现的图形异常。

如希望将此画布取消，可执行“工具”→“选项”菜单命令，在“常规”选项卡下，取消“插入自选图形时创建绘图画布”的选定或直接按【Esc】键即可。

（3）从剪辑库插入图片。Office 2003 剪辑库包含了大量专业人员设计的剪贴画、图片、声音和图像，内容包罗万象，应有尽有。在 Word 文档中，将光标移到要插入剪贴画的位置，执行“插入”→“图片”→“剪贴画”菜单命令，弹出“剪贴画”任务窗格，在“搜索文字”方框中输入内容，单击“搜索”按钮，然后在图片浏览窗口中找到所需的剪贴画，单击窗口中该剪贴画的略缩图，所选图片就插入到文档中了。

7. 拓展训练项目

自己确定一个主题，在网上收集相关资料，发挥创意，制作一张电子海报。要求内容健康向上，版面新颖美观。

项目 3　学生成绩表的制作

1. 能力目标

能使用 Word 2003 中的表格功能制作一份“学生成绩表”，并能使用相关的命令对“学生成绩表”进行格式化和数据处理的操作。

2. 知识目标

（1）掌握表格的创建操作；

（2）掌握文本与表格的相互转换；

（3）熟练掌握表格的编辑和格式化的操作；

（4）掌握表格中公式的计算；

（5）掌握表格中数据的排序。

3. 项目描述

项目：学期结束了，陈老师要制作一个“学生成绩表”，并要求对分数进行相应的简单处理，如图 2.23 所示。

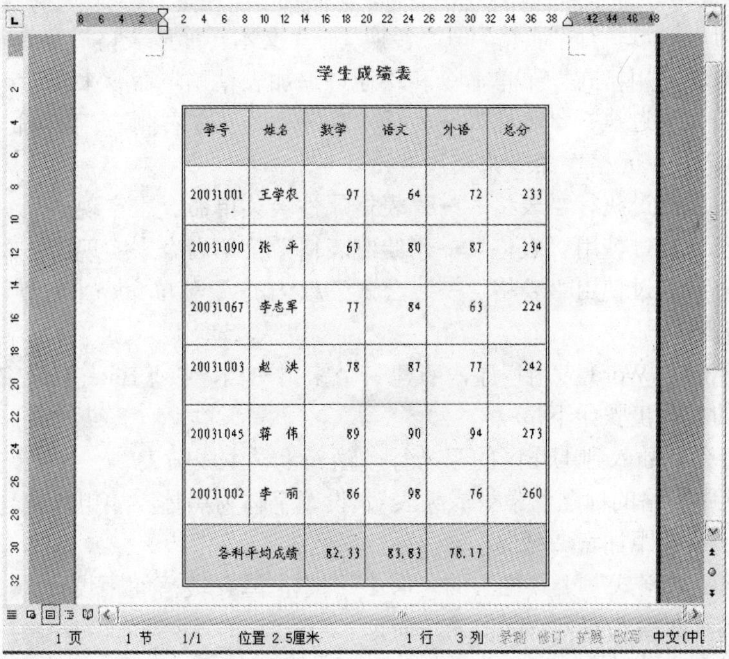

学生成绩表

学号	姓名	数学	语文	外语	总分
20031001	王学农	97	64	72	233
20031090	张 平	67	80	87	234
20031067	李志军	77	84	63	224
20031003	赵 洪	78	87	77	242
20031045	蒋 伟	89	90	94	273
20031002	李 丽	86	98	76	260
各科平均成绩		82.33	83.83	78.17	

图 2.23 学生成绩表

子项目 1：参照范文输入表格的标题“学生成绩表”，并设置标题字体为黑体、加粗，字号为三号，字体颜色为红色，字符间距加宽 2 磅，居中排列，段后间距 1 行。建立一个 4 行 5 列的表格并输入内容，将文档以“学生成绩表.doc”的文件名保存在 PJT6 文件夹中。

子项目 2：打开 PJT6 文件夹中的“学生成绩表.doc”，将文本转换成表格，并套用自动套用格式“古典型 2”，然后将该表格和“学生成绩表”合并。

子项目 3：将“学生成绩表”插入 1 行、1 列，在第 1 行第 8 列单元格中输入“总分”，在第 8 行第 1 列的单元格中输入“各科平均成绩”，并将第 8 行的第 1 列和第 2 列两个单元格合并。

子项目 4：将学生成绩表的行高设置为 2 厘米，将第 1、2 列的列宽设置为 2 厘米，其余各列的列宽设置为 2.2 厘米，表格对齐方式设置为居中对齐。

子项目 5：对“学生成绩表”中的文字进行如下格式设置：楷体_GB2312、四号字，第 1 行标题的单元格对齐方式设置为中部居中，其余单元格对齐方式设置为中部右对齐。对“学生成绩表”的表格内、外框线和底纹颜色进行如下设置：外框线设置为蓝色、1.5 磅、双线，内框线设置为红色、0.5 磅、单线，第 1 行和第 8 行设置底纹颜色为“灰色.15%”，其余各行的底纹颜色设置为“浅黄”。

子项目 6：用公式计算出“学生成绩表”中的“总分”和“各科平均成绩”，对“学生成绩表”中的语文成绩进行升序排序。

4. 解决方案

子项目 1 可以通过执行“格式”→“字体”菜单命令和“表格”→“插入”→“表格”菜单命令来实现；

子项目 2 可以通过执行“表格”→“转换”→“文本转换成表格”菜单命令，以及“表格”→“表格自动套用格式”菜单命令和“通过追加表粘贴”命令来实现；

子项目 3 可以通过执行“表格”→“插入”→“列（在右侧）”菜单命令、“行（在下方）”命令和“合并单元格”命令来实现；

子项目 4 可以通过执行“表格”→“表格属性”菜单命令来实现；

子项目 5 可以通过使用“表格”→“绘制表格”菜单命令来实现；

子项目 6 可以通过使用“表格”→“公式”/“排序”菜单命令来实现。

5. 实现步骤

实验准备：启动 Word 应用程序，新建一个空白文档，按【Enter】键空出一个空行。

子项目 1 的实现步骤如下。

步骤 1：将光标插入到工作区的第一行，输入“学生成绩表”。

步骤 2：选中表格的标题“学生成绩表”，设置字体为黑体、加粗，字号为三号，字体颜色为红色，字符间距加宽 2 磅。

步骤 3：单击“格式”工具栏中的“居中”按钮，段落间距设置为 1 行。

步骤 4：将光标插入到工作区的第二行。

步骤 5：执行“表格”→“插入”→“表格”菜单命令，打开“插入表格”对话框，在“列数”中输入“5”，在“行数”中输入“4”，如图 2.24 所示，单击 确定 按钮。

步骤 6：将插入点移到表格中的第 1 行第 1 列的单元格，输入“学号”，按【Tab】键或单击鼠标将光标移到第 1 行第 2 列的单元格，输入“姓名”，使用同样方法将所有单元格输入内容。

步骤 7：执行“文件”→“保存”菜单命令或单击“保存按钮”，把该文档用“学生成绩表.doc”的文件名保存在 PJT6 文件夹中。

子项目 2 的实现步骤如下。

步骤 1：打开文件“学生成绩.doc”，按住鼠标左键，选中表格，执行“表格”→“转换”→“文本转换成表格”菜单命令，出现“将文字转换成表格”对话框，如图 2.25 所示，单击 确定 按钮将文字转换成表格。

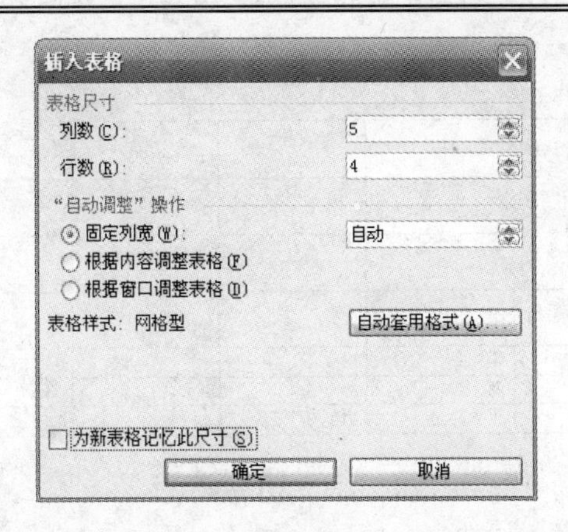

图 2.24　“插入表格”对话框

步骤 2：单击表格左上角的“✥”符号，选中整个表格。执行“表格”→“表格自动套用格式”菜单命令，打开“表格自动套用格式”对话框，选择“古典型 2”的表格样式，如图 2.26 所示，单击“应用”按钮。

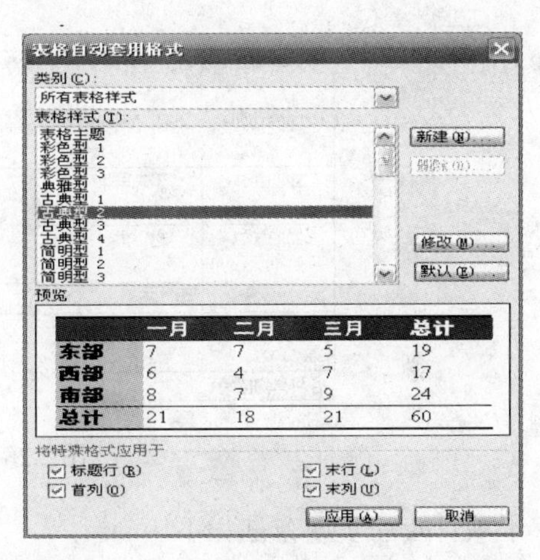

图 2.25　“将文字转换成表格”对话框

图 2.26　“表格自动套用格式”对话框

步骤 3：打开“学生成绩表.doc”，单击“学生成绩.doc”表格左上角的“✥”符号，选中整个表格，单击鼠标右键，在打开的快捷菜单中执行“复制”命令。

步骤 4：将光标插入到“学生成绩表.doc”表格的下面一行，单击鼠标右键，在打开的快捷菜单中执行“通过追加表粘贴”命令，复制的表格和上表以等列宽的方式追加在下面。但是，原有的表格框线格式将丢失，如图 2.27 所示。

步骤 5：执行“文件”→“保存”菜单命令，保存“学生成绩.doc”文件。

子项目 3 的实现步骤如下。

步骤 1：将光标插入到学生成绩表的第 5 列中任意一个单元格中，执行“表格”→“插入”→“列（在右侧）”菜单命令。

步骤 2：将光标插入到学生成绩表的第 7 行中任意一个单元格中，执行“表格”→“插入”→“行（在下方）”菜单命令。

学生成绩表

学号	姓名	数学	语文	外语
20031090	张　平	67	80	87
20031067	李志军	77	84	63
20031003	赵　洪	78	87	77
20031002	李　丽	86	98	76
20031045	蒋　伟	89	90	94
20031001	王学农	97	64	72

图 2.27　学生成绩表

步骤 3：按住鼠标左键，拖动鼠标选择第 8 行的第 1 列和第 2 列两个单元格，单击鼠标右键，在打开的快捷菜单中执行“合并单元格”命令。

步骤 4：此时学生成绩表如图 2.28 所示。

学生成绩表

学号	姓名	数学	语文	外语	总分
20031090	张　平	67	80	87	
20031067	李志军	77	84	63	
20031003	赵　洪	78	87	77	
20031002	李　丽	86	98	76	
20031045	蒋　伟	89	90	94	
20031001	王学农	97	64	72	
各科平均成绩					

图 2.28　学生成绩表

子项目 4 的实现方法如下。

步骤 1：选中整个表格，执行“表格”→“表格属性”菜单命令，在“行”选项卡下，设置行高值是“固定值”，选中“指定高度”复选框，并设置为“2 厘米”，如图 2.29 所示。

步骤 2：在“列”选项卡下，选中“指定宽度”复选框，并设置为“2 厘米”，单击“后一列”按钮，把第 1 列的列宽设置为“2 厘米”，再单击“后一列”按钮，把第 2 列的列宽设置为“2 厘米”，使用同样方法，继续设置其余各列的列宽为“2 厘米”，如图 2.30 所示，单击 确定 按钮。

步骤 3：选中整个表格，单击“格式”工具栏中的“居中”按钮，使表格居中。

子项目 5 的实现方法如下。

步骤 1：选中整个表格，设置文字的格式为楷体_GB2312，字号为四号。

步骤 2：选中表格第 1 行，单击鼠标右键，在打开的快捷菜单中执行“单元格对齐方式”→“中部居中”命令。选中表格其余各行，单击鼠标右键，在打开的快捷菜单中执行“单元格对齐方式”→“中部右对齐”命令。

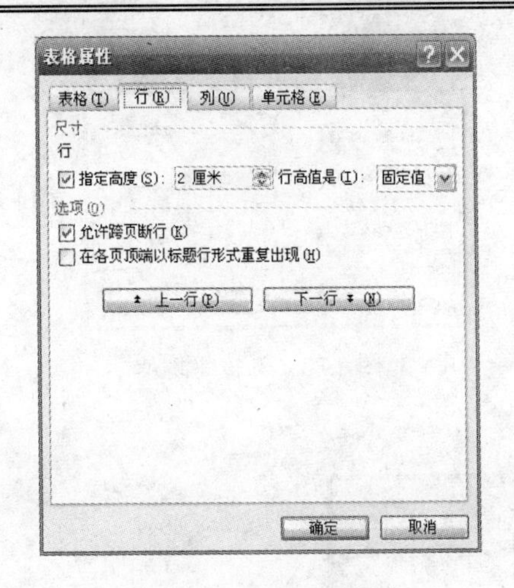

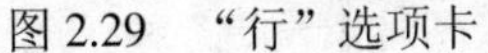
图 2.29 “行”选项卡

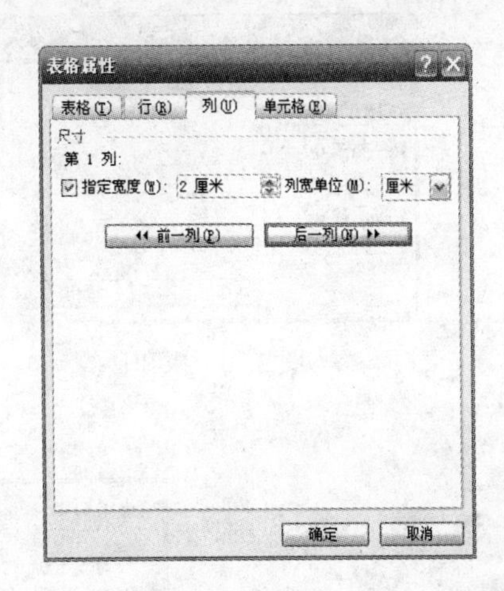

图 2.30 “列”选项卡

步骤 3：选中整个表格，执行“表格”→“绘制表格”菜单命令，调出“表格和边框”工具栏，设置“线型”为“双线”，“粗细”为“1 1/2 磅”，边框颜色为“蓝色”，如图 2.31 所示，最后单击“外部框线”按钮，完成外边框设置；保持表格的选中状态，将“线型”设置为“单线”，“粗细”为“1/2 磅”，边框颜色为“红色”，最后单击“内侧框线”按钮，设置完内边框。

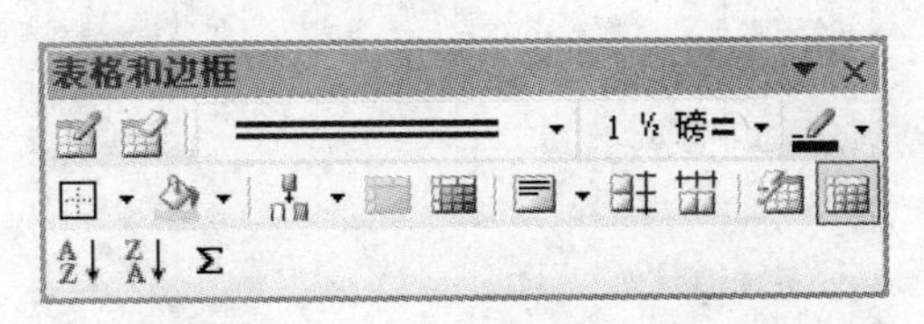

图 2.31 “表格和边框”工具栏

步骤 4：选中第 1 行，按住【Ctrl】键的同时选中第 8 行，在“表格和边框”工具栏中选择“底纹颜色”按钮下的“灰色.15%”。选中表格中其余各行，在“表格和边框”工具栏中选择“底纹颜色”按钮下的“浅黄”。

子项目 6 的实现方法如下。

步骤 1：将光标插入到第 2 行第 6 列单元格即 F2 单元格，执行“表格”→“公式”菜单命令，打开公式对话框，在“公式”中输入“=SUM（LEFT）”，如图 2.32 所示，或者“=SUM（C2:E2）”、“=C2+D2+E2”，单击确定按钮。使用同样方法完成 F3、F4、F5、F6、F7 单元格的求和操作。

步骤 2：将光标插入到第 8 行第 3 列单元格即 C8 单元格，执行“表格”→“公式”菜单命令，打开公式对话框，在“公式”中输入“=AVERAGE（ABOVE）”，如图 2.33 所示，或者“=AVERAGE（C2:C7）”，单击确定按钮。使用同样方法完成 D8、E8 单元格的求平均值操作。

步骤 3：此时学生成绩表如图 2.34 所示。

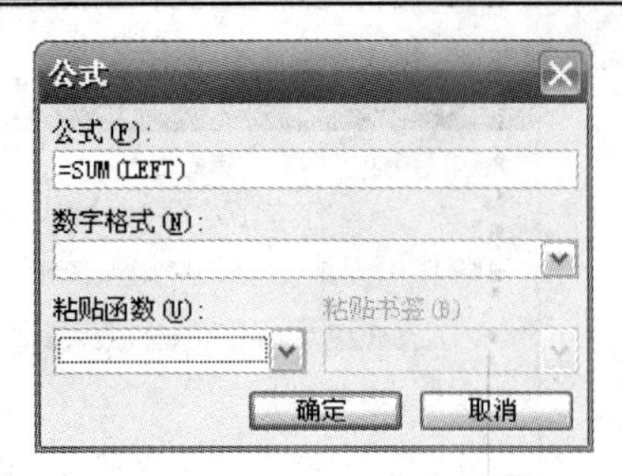

图 2.32　求和计算

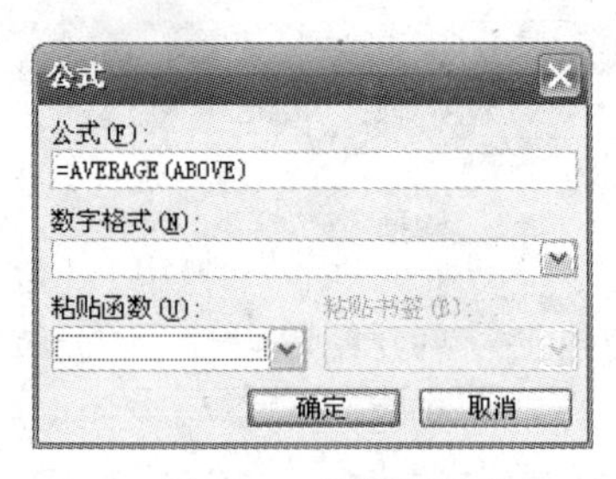

图 2.33　计算平均值

学生成绩表

学号	姓名	数学	语文	外语	总分
20031090	张　平	67	80	87	234
20031067	李志军	77	84	63	224
20031003	赵　洪	78	87	77	242
20031002	李　丽	86	98	76	260
20031045	蒋　伟	89	90	94	273
20031001	王学农	97	64	72	233
各科平均成绩		82.33	83.83	78.17	

图 2.34　学生成绩表

步骤 4：先选中表格的第 1 行至第 7 行的区域，以避免表格最后一行同时参加排序，执行“表格”→“排序”菜单命令，打开“排序”对话框，先选中列表下的“有标题行”，再设置主要关键字为“语文”，类型为“数字”，选中“升序”单选按钮，如图 2.35 所示，单击 确定 按钮。

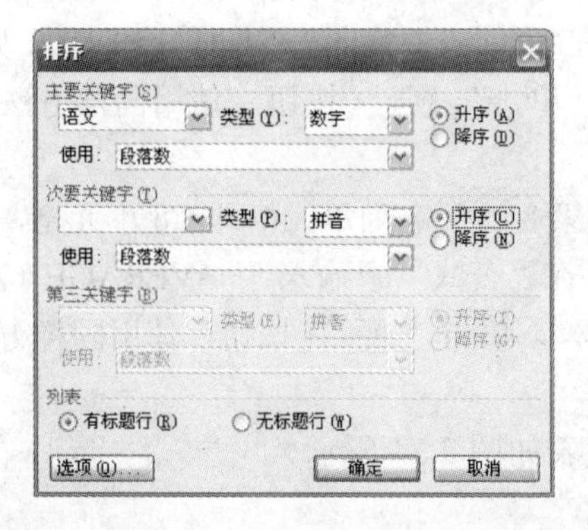

图 2.35　“排序”对话框

执行“文件”→“保存”菜单命令，保存“学生成绩表.doc”文件。

6. 归纳说明

本项目重点介绍了在 Word 文档中如何设计表格，使用到了表格的插入、复制、转换、格式化、公式计算及排序等命令，此外在本项目中还应注意以下方面：

（1）除以上介绍的创建表格方法外，还可以使用“常用”工具栏中的“表格”→“插入表格”命令创建简单表格或者使用“绘制表格”工具栏来绘制表格。

（2）不仅文字可以转换成表格，表格也可转换为文本。可执行“表格”→“转换”→“将表格转换成文本”菜单命令完成。

（3）要拆分一个单元格首先应选定要拆分的单元格，然后执行“表格”→“拆分单元格”菜单命令，在该对话框内输入要拆分成的单元格数即可。

7. 拓展训练项目

参考“课程表.doc”，建立一个课程表，并以“拓展项目.doc”的文件名保存到 PJT6 文件夹中。

第 3 章　Excel 2003 电子表格

项目 1　公司工资表数据录入与格式化

1. 能力目标

能使用 Office 2003 办公软件中的 Excel 输入数据、设置数据的格式，能管理工作表。

2. 知识目标

（1）掌握工作表中数据的输入；

（2）掌握工作表的移动、复制、改名、删除等管理工作；

（3）掌握工作表数据的数值格式、字体、对齐、边框、图案等格式设置。

3. 项目描述

项目任务：小李进入北京瑞星公司后，临时在财务部门工作，需要用计算机分析公司职工工资表的数据。

子项目 1：输入如图 3.1 所示的公司工资表原始数据。

	A	B	C	D	E	F	G
1	北京瑞星公司职工工资表						
2	工号	部门	姓名	性别	学历	基本工资	
3	001	工程部	王楠	男	硕士	4000	
4	002	开发部	赵玉焕	女	硕士	3500	
5	003	培训部	丁永梅	女	本科	4500	
6	004	销售部	王祥鑫	男	硕士	3500	
7	005	培训部	赵锦书	男	本科	3500	
8	006	工程部	郭阁琼	女	本科	2500	
9	007	销售部	江敏	女	本科	3500	
10	008	开发部	曹爱兵	男	博士	4500	
11	009	开发部	王学诗	男	硕士	3500	
12	010	工程部	周玉平	男	本科	5000	
13	011	开发部	张婷	女	本科	2500	
14							

图 3.1　工资表原始数据

子项目 2：完成如图 3.2 的工资表的移动、复制、改名及删除操作。

10	008	开发部	曹爱兵	男	博士	4500	
11	009	开发部	王学诗	男	硕士	3500	
12	010	工程部	周玉平	男	本科	5000	
13	011	开发部	张婷	女	本科	2500	
14							
15							

工资表 / 工资表备份 / Sheet2

就绪

图 3.2　复制、移动、改名及删除操作

子项目 3：对工作表数据格式化，如图 3.3 和图 3.4 所示。

	A	B	C	D	E	F
1	北京瑞星公司职工工资表					
2	工号	部门	姓名	性别	学历	基本工资
3	001	工程部	王楠	男	硕士	4000
4	002	开发部	赵玉焕	女	硕士	***3500***
5	003	培训部	丁永梅	女	本科	4500
6	004	销售部	王祥鑫	男	硕士	***3500***
7	005	培训部	赵锦书	男	本科	***3500***
8	006	工程部	郭阁琼	女	本科	***2500***
9	007	销售部	江敏	女	本科	***3500***
10	008	开发部	曹爱兵	男	博士	4500
11	009	开发部	王学诗	男	硕士	***3500***
12	010	工程部	周玉平	男	本科	5000
13	011	开发部	张婷	女	本科	***2500***

图 3.3　格式化后的工作表（1）

	A	B	C	D	E	F
1	北京瑞星公司职工工资表					
2	工号	部门	姓名	性别	学历	基本工资
3	001	工程部	王楠	男	硕士	4000
4	002	开发部	赵玉焕	女	硕士	3500
5	003	培训部	丁永梅	女	本科	4500
6	004	销售部	王祥鑫	男	硕士	3500
7	005	培训部	赵锦书	男	本科	3500
8	006	工程部	郭阁琼	女	本科	2500
9	007	销售部	江敏	女	本科	3500
10	008	开发部	曹爱兵	男	博士	4500
11	009	开发部	王学诗	男	硕士	3500
12	010	工程部	周玉平	男	本科	5000
13	011	开发部	张婷	女	本科	2500

图 3.4　格式化后的工作表（2）

4．解决方案

对于子项目 1，在熟悉 Excel 2003 的基础上，应理解工作簿与工作表、工作表与单元格之间的关系，知道如何描述单元格，如何选择若干个连续或不连续的单元格，如何改变单元格的行高和列宽，以及如何插入或删除某行和某列。具体的数据输入分三种情况：姓名及基本工资两列没有任何规律的数据要一一输入；部门、性别及学历三列有重复的数据，可复制已输入的数据，再粘贴至合适位置即可；工号一列数据，是用数字表示的字符型数据序列，在输入“001”号后，可以用填充序列的方法输入。

对于子项目 2，是工作簿内工作表管理的几个常见操作，可用快捷菜单或一些简便的操作完成。

对于子项目 3，分别在“格式”菜单的“单元格”/“条件格式”/“自动套用格式”子菜单的对话框中完成。

5．实现步骤

子项目 1 的实现方法如下。

步骤 1：启动 Excel 2003，建立空白工作簿 Book1.xls，如图 3.5 所示，该工作簿由默认的 Sheet1、Sheet2 和 Sheet3 三张工作表组成。

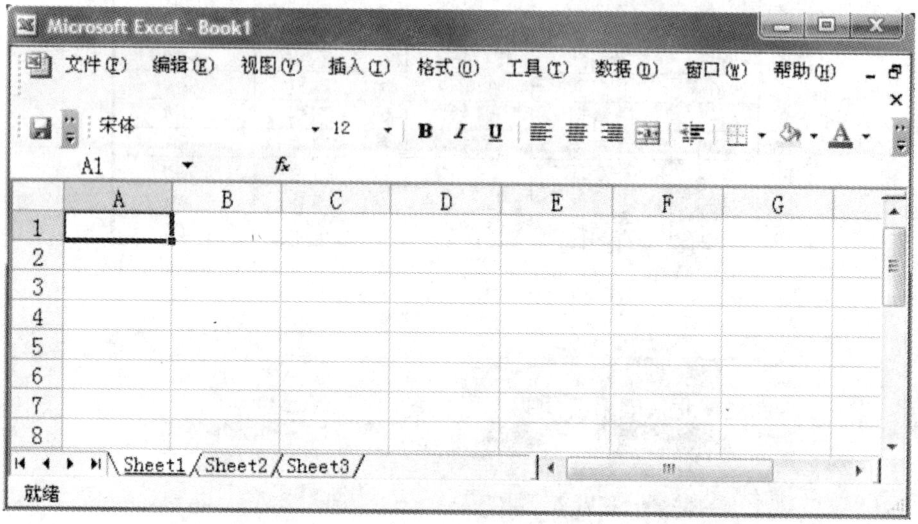

图 3.5　Excel 工作界面

步骤 2：用于选择单元格区域的光标是空心十字形✚，选中 A1 单元格（A 列 1 行），直接输入“部门”，利用相同的方法依次在 B1:E1 中（这里的比例符表示从 B1 到 E1 的四个单元格）输入“姓名”、“性别”、“学历”、“基本工资”。

步骤 3：鼠标指向 A 列标志“A”，此时光标为黑色箭头⬇，鼠标单击右键，在打开的快捷菜单中执行“插入”命令，则在“部门”列前插入一个新的空白列，并在新的 A1 单元格中输入“工号”。

步骤 4：将鼠标指向第一行行号标志“1”，用类似的方法插入新的第一行，并在新的 A1 单元格中输入“北京瑞星公司职工工资表”。

步骤 5：对照子项目 1 要求，分别在 C3:C13、F3:F13 中输入职工的姓名及基本工资，输入基本工资时，暂不考虑小数点后面的位数。

步骤 6：在 B3:B6 四个单元格中依次输入“工程部”、“开发部”、“培训部”、“销售部”，并利用快捷菜单中“复制”、“粘贴”命令进行操作，输入完其他相同数据的单元格。

步骤 7：利用相同方法，完成“性别”及“学历”两列数据的输入。

步骤 8：在 A3 单元格中输入“’001”，在 001 前加上英文单引号，可将默认的数值数字输入成字符型数字，鼠标指向 A3 单元格右下角，待出现黑色实心十字形填充柄+后，按下鼠标向下拖动填充其余 10 名职工的工号。

子项目 2 的实现方法如下。

步骤 1：双击 Sheet1 工作表名，待出现黑底白字的编辑状态时，输入“工资表”新工作表名。

步骤 2：鼠标指向“工资表”工作表名，按下【Ctrl】键的同时，拖动鼠标至 Sheet2 与 Sheet3 两张工作表之间，完成工作表的复制，并将复制的工作表重命名为“工资表备份”。

步骤 3：鼠标指向“工资表备份”工作表名，直接拖动鼠标至“工资表”与 Sheet2 之间，完成“工资表备份”工作表的移动。

步骤 4：鼠标指向 Sheet3 工作表名，单击鼠标右键，在打开的快捷菜单中执行“删除”菜单命令。

子项目 3 的实现方法如下。

步骤 1：在“工资表”工作表中，选中 A1:F1 单元格区域，使用鼠标右键单击该区域，执行“设置单元格格式”快捷菜单，或在选中单元格区域后，执行“格式”→“单元格”菜单命令，弹出如图 3.6 所示的对话框，在“对齐”选项卡中，设置水平对齐为“居中”，并选中“文本控制”下的“合并单元格”复选框，在“字体”选项卡中，设置字体为“宋体、加粗、16 磅、蓝色”。

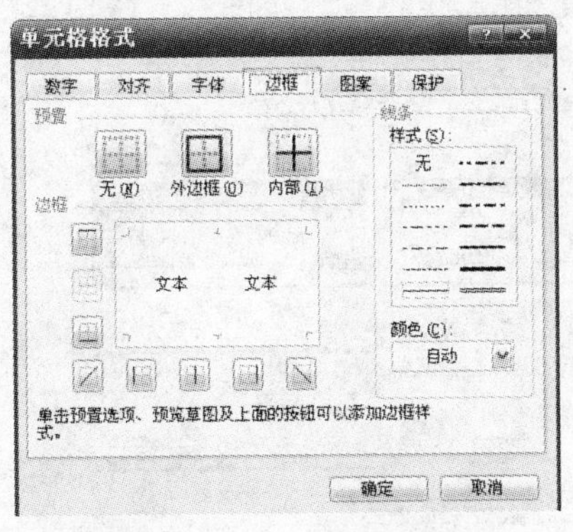

图 3.6　“单元格格式”对话框

步骤 2：选中 A2:F13 单元格区域，在“单元格格式”对话框的“对齐”选项卡中，设置该区域水平、垂直均“居中”对齐，在“边框”选项卡中，设置外框为最粗的单实线，内部为最细的单实线。

步骤 3：选中 A2:F2 单元格区域，在“单元格格式”对话框的“图案”选项卡中，设置该区域底纹为第五行、第五列颜色。

步骤 4：选中 F3:F13 单元格区域，在“单元格格式”对话框的“数字”选项卡中，设置数字为数值，小数点保留两位。

步骤 5：选中 D2 单元格，在“单元格格式”对话框的“对齐”选项卡中，在“文本控制”中选中“自动换行”复选框，确定后，将鼠标指向 D、E 两列之间，待出现黑色双向箭头✛时，拖动鼠标，缩小 D 列为一个字的宽度，使用类似的方法同时增大第二行的高度。

步骤 6：选中 F3:F13 单元格区域，执行“格式”→“条件格式”菜单命令，弹出如图 3.7 所示的对话框，设置单元格数值小于 4000 时，格式为“加粗、倾斜”。

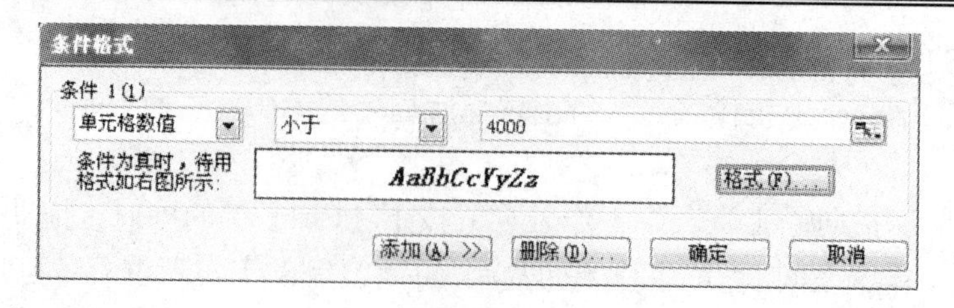

图 3.7　“条件格式”对话框

子项目 4 的实现方法如下。

步骤 1：在“工资表备份”工作表中，选中 A2:F13 单元格区域，执行“格式”→“列”→“最适合的列宽”菜单命令。

步骤 2：选中 A2:F13 单元格区域，执行“格式”→“自动套用格式”菜单命令，在如图 3.8 所示的“自动套用格式”对话框中，设置该区域自动套用“古典 2”格式。

完成所有项目后，关闭工作簿，以 PJT7.XLS 工作簿名将项目进行保存。

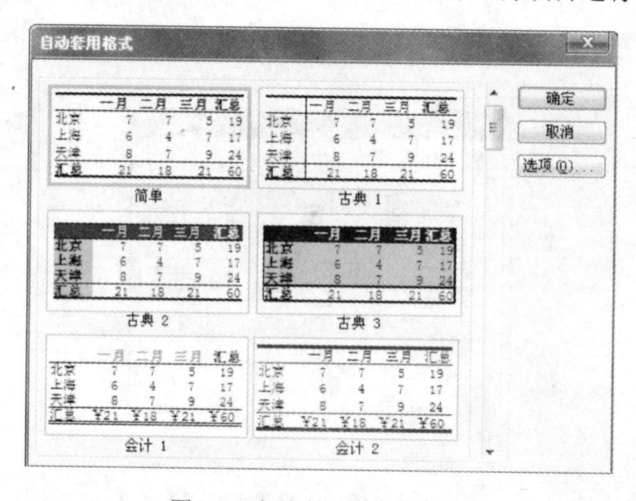

图 3.8　自动套用格式对话框

6．归纳说明

Excel 2003 工作表由 65536×256 个单元格组成（1～65536 行，A～IV 列），每个单元格都有一个名称，如 A6、B12 等。在 Excel 中，常见鼠标光标指针有空心箭头、实心黑箭头、空心“十”字、实心黑“十”字、双向箭头及“I”指针五种。空心箭头用于菜单或工具按钮选用，实心黑箭头用于选择整行或整列；空心“十”字用于选定单个或多个单元格（选择不连续的多个单元格区域时需同时按下【Ctrl】键）；实心黑“十”字是在鼠标移动到选定区域的右下角时出现的，可用来自动填充数据；双向箭头则是光标移动到两行号或两列号之间出现的，用来手工调整行高和列宽；“I”指针用于编辑栏中的数据输入编辑及工作表名的编辑修改。

单元格的显示是用网格线实现的，但在打印时并不可见，用户也可在“工具”菜单的“选项”命令对话框的“视图”选项卡中去除网格线。需要打印出表格框线时，应通过设置单元格的框线来实现。

本项目的难点一在于自动填充序列，除了字符型的数字可自动填充外，数值型的序列也可自动填充。系统默认公差为零的等差数列，用户可以在输入公差非零的等差数列两个数的基础上，选中这两个单元格后，实现等差数列的自动填充。对于等比数列，可在确定第一个数，并选中待填充等比数列的单元格区域后，在“编辑”菜单的“填充”子菜单中实现。除非事先将单元格区域设置为数值中的分数类型，否则在单元格中输入“1/2”时，系统默认为“1 月 2 日”日期型数据，并可向其他单元格自动填充。系统还可自动填充中英文月份、星期等序列，具体序列内容可参看“工具”菜单下的“选项”子菜单中的“自定义序列”选项卡。

难点二是数据的格式化，除了子项目 2 中的合并单元格水平居中外，常见操作还包括某单元格数据在某单元格区域的跨列居中。

7．拓展训练项目

如图 3.9 所示，建立并格式化“班级学生成绩表”。

08信息（2）班计算机应用基础成绩表										
学号	姓名	性别	选择题	汉字录入	Windows	Word	Excel	Powerpoint	Ieout	得分
0802020001	丁莉莉	女	10	8	8	7	8	7	6	
0802020002	徐琴	女	16	8	4	9	7	5	4	
0802020003	陈娇娇	女	13	8	8	12	13	9	6	
0802020004	王春	女	9	10	10	12	6	12	8	
0802020005	张丽莹	女	9	11	10	12	11	10	6	
0802020006	张雨露	女	13	9	8	16	12	10	6	
0802020007	伏双	男	14	11	8	14	12	12	4	
0802020008	杭俊	男	20	3	6	13	8	10	8	
0802020009	王飞	男	14	11	8	16	8	13	8	
0802020010	王娅苹	女	19	8	8	12	7	0	6	
0802020011	李晨旺	男	15	8	8	5	10	2	6	
0802020012	祝阳露	男	14	10	8	17	2	10	6	
0802020013	赵菊山	男	11	11	8	11	12	14	4	
0802020014	周亚莉	女	19	11	4	18	6	5	6	
0802020015	辛才韬	男	14	8	10	9	6	10	2	

图 3.9　班级学生成绩表

项目 2　公司工资表数据统计计算

1．能力目标

能使用 Office 2003 办公软件中的 Excel 对工作表中数据进行统计计算，并能对数据进行排序、筛选、分类汇总等操作。

2．知识目标

（1）掌握 Excel 数据计算及数据计算中单元格的相对与绝对引用；

（2）掌握 IF()、SUMIF()、RANK()等函数的使用；

（3）掌握数据的排序、筛选及分类汇总。

3. 项目描述

子项目 1：在 PJT8.XLS 工作簿的“工资表”工作表中，完成扣税、实发、名次（按“实发”列降序名次）、合计、男女职工工资总额及男女职工人数的计算，完成后的效果如图 3.10 所示（11 至 40 行被隐藏）。

	A	B	C	D	E	F	G	H	I	J
1	北京瑞星公司职工工资表									
2	工号	姓名	性别	职称	工资	扣税	实发	名次		
3	001	许士中	男	工程师	4000.00	600.00	3400.00	12		
4	002	许军	男	工程师	3500.00	350.00	3150.00	18		
5	003	王万华	男	高工	4500.00	675.00	3825.00	9		
6	004	王成建	男	工程师	3500.00	350.00	3150.00	18		
7	005	沈阳	男	工程师	3500.00	350.00	3150.00	18	男职工工资总额	50000
8	006	李小花	女	助工	2500.00	250.00	2250.00	38	女职工工资总额	107000
9	007	莫磊	男	工程师	3500.00	350.00	3150.00	18	男职工人数	13
10	008	朱晓燕	女	工程师	4500.00	675.00	3825.00	9	女职工人数	27
41	039	朱林烨	男	工程师	4000.00	600.00	3400.00	12		
42	040	郭莹	女	高工	5500.00	825.00	4675.00	1		
43	合计				157000.00	19675.00	137325.00			
44										

图 3.10　完成计算后的工资表

子项目 2：在“工资表备份 1”工作表中，自动筛选出工程部工资在 4000 元（含 4000）以上的职工信息，完成后的效果如图 3.11 所示。

	A	B	C	D	E	F	G	H	I
1	北京瑞星公司职工工资表								
2	工号	姓名	性别	年龄	部门	学历	职称	工资	
3	001	许士中	男	28	工程部	硕士	工程师	4000.00	
13	011	丁萍	女	41	工程部	本科	高工	5000.00	
14	012	陈婵	女	35	工程部	硕士	高工	5000.00	
18	016	张桂芬	女	37	工程部	硕士	高工	5000.00	
23	021	胡秀玲	女	34	工程部	博士	高工	5500.00	
37	035	陈翠	女	32	工程部	硕士	工程师	4000.00	
43									

图 3.11　完成自动筛选后的工资表

子项目 3：在“工资表备份 2”工作表中，以部门为分类依据，完成工资数据平均分类汇总，完成后的效果如图 3.12 所示（已折叠隐藏详细数据）。

	A	B	C	D	E	F	G	H
1	北京瑞星公司职工工资表							
2	工号	姓名	性别	年龄	部门	学历	职称	工资
16					工程部 平均值			4000.00
32					开发部 平均值			3833.33
38					培训部 平均值			3800.00
46					销售部 平均值			4071.43
47					总计平均值			3925.00
48								

图 3.12　完成分类汇总后的工资表

4．解决方案

对于子项目 1，“扣税”列的计算要求分情况处理，工资大于等于 4000 元时，扣税为工资额的 15%，否则扣税为工资额的 10%，计算时使用 IF()函数，“实发”列用“工资”列减去“扣税”列，“合计”使用 SUM()函数，“名次”列则用 RANK()函数，J7、J8 单元格中的男女职工工资总额使用 SUMIF()函数，J9、J10 中的男女职工人数则使用 COUNTIF()函数。

对于子项目 2，用“数据”菜单中的“筛选”子菜单中的自动筛选操作，其中工资大于等于 4000 元时应在筛选中自定义筛选条件完成。

对于子项目 3，涉及分类汇总的基本操作，可用“数据”菜单中的“排序”子菜单完成已分类字段的排序后，再用“数据”菜单中的“分类汇总”子菜单完成。

5．实现步骤

子项目 1 的实现方法如下。

步骤 1：打开 PJT8.XLS 工作簿，选中“工资表”工作表。

步骤 2：在 F3 单元格中输入含 IF()函数的公式“=IF（E3>=4000,E3*0.15,E3*0.1），输入完成后按回车键或单击编辑栏前的“√”确认，该公式表示如果 E3 单元格的数据大于等于 4000，则 F3 中的数据等于 E3 的 15%，否则等于 E3 的 10%。

步骤 3：将鼠标指向 F3 单元格右下角，待出现黑色“十”字形填充手柄时，向下拖动鼠标至 F42 单元格，利用相对运算自动填充 F4 至 F42 单元格区域。相对运算的实质是，从 F3 到 F4 的变化为列号固定，行号加 1，所以公式自动改为“=IF（E4>=4000,E4*0.15,E4*0.1）”，依此类推。

步骤 4：参考步骤 3，在 G3 单元格中输入公式“=E3-F3”后进行确认，并填充 G4 至 G42 单元格区域。

步骤 5：由于 E3 至 E42 单元格个数较多，在 E43 单元格中使用公式“=E3+…+E42”较繁，可用含 SUM()函数的公式“=SUM（E3:E42）”计算工资合计，并填充 F43、G43 两单元格，此时公式的相对运算时行号固定，列号字母后移一个。

步骤 6：使用 RANK()函数计算实发额从高到低降序排序的“名次”列，单击 H3 单元格，单击编辑栏前的 fx 函数按钮，弹出如图 3.13 所示的“插入函数”对话框，在“或选择类别”的下拉列表框中选择“全部”，并在“选择函数”文本框中选定 RANK 函数单击 确定 按钮后，弹出如图 3.14 所示的“函数参数”对话框，“Number”参数表示需要参与排序的某单元格，直接输入“G3”或单击右边按钮，出现如图 3.15 所示的对话框后，输入或选择 G3 单元格后单击右边按钮或对话框关闭按钮返回；“Ref”参数表示待排数据要比较的范围，类似“Number”参数的输入方法，输入“G3:G42”，并按键盘上【F4】键将用来对比较的数据区域进行固定（区域显示改为“$G$3:$G$42”）；“Order”参数表示排序方式，空白或“0”参数表示降序，其他表示升序，不设置该参数，直接单击 确定 按钮，得到 H3 的名次为 12，向下填充 G4:G42 单元格区域。

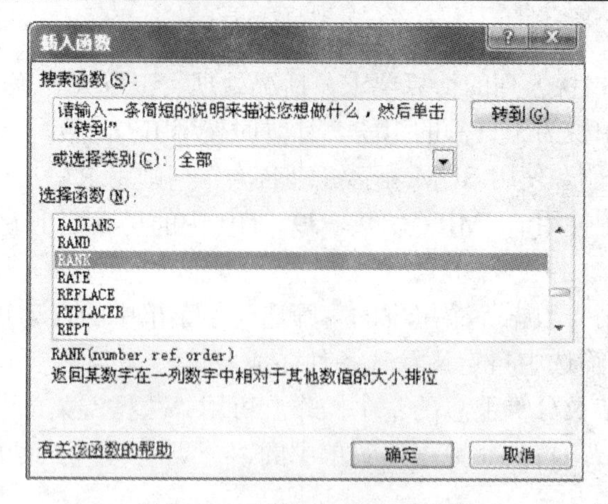

图 3.13　“插入函数”对话框

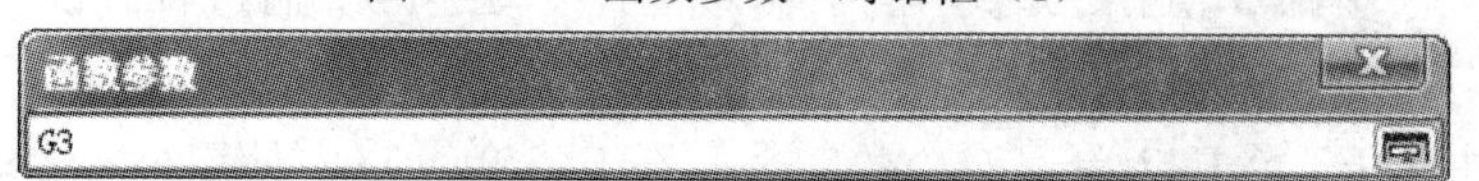

图 3.14　“函数参数”对话框（1）

图 3.15　“函数参数”对话框（2）

步骤 7：参考步骤 6，利用 SUMIF()函数在 J7 和 J8 两单元格中计算男女职工的工资总额，如图 3.16 所示，该函数也有三个参数，“Range”用于判断满足求和条件的范围，输入 C3:C42；“Criteria”用来输入条件，输入“男”；“Sum_range”中输入求和的数据区域，输入 E3:E42 后单击 确定 按钮。同理，将“Criteria”参数改为“女”，可计算女职工的工资总额。

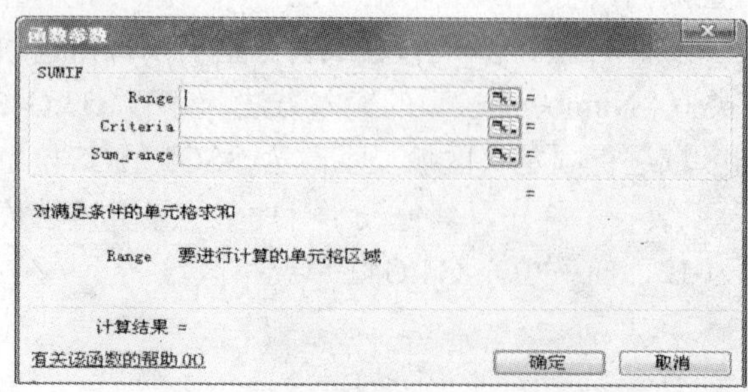

图 3.16　“函数参数”对话框（3）

步骤 8：参考步骤 7，利用 COUNTIF()函数计算男女职工人数，如图 3.17 所示，COUNTIF()函数也有“Range”、“Criteria”两个参数，分别输入 C3:C42，“男”或“女”后单击确定按钮。

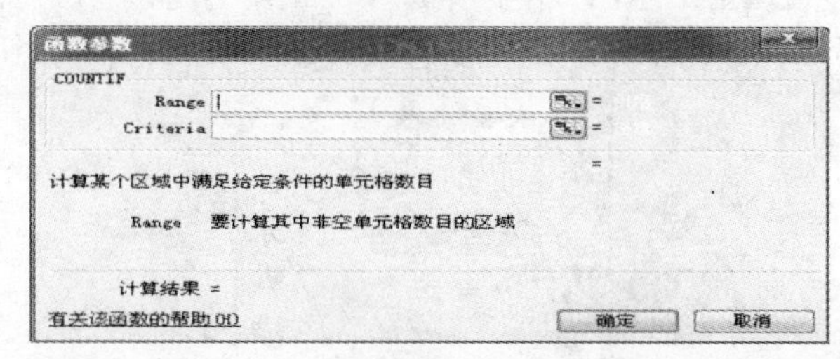

图 3.17　“函数参数”对话框（4）

子项目 2 的实现方法如下。

选择“工资表备份 1”工作表，单击任意一个有数据的单元格，执行“数据”→“筛选”→“自动筛选”菜单命令，每个字段（列名称）出现下拉列表标志▾，在“部门”字段下拉列表中选择“工程部”，即可自动筛选出所有工程部的记录，再在“工资”字段下拉列表中选择“自定义”，弹出如图 3.18 所示的“自定义自动筛选方式”对话框，设置自动筛选方式为工资大于或等于 4000 后单击确定按钮。

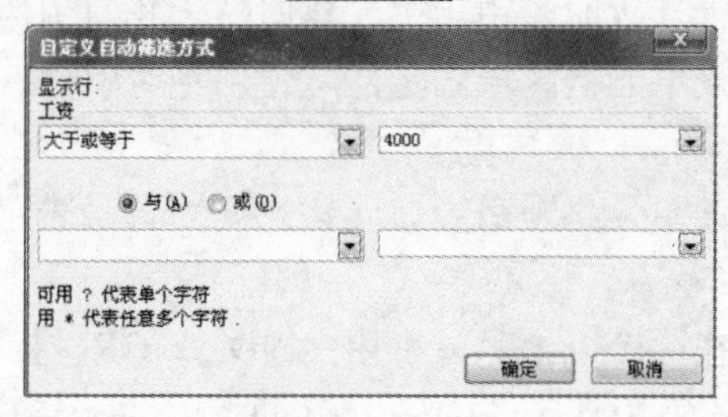

图 3.18　“自定义自动筛选方式”对话框

子项目 3 的实现方法如下。

步骤 1：选择“工资表备份 2”工作表，单击任意一个有数据的单元格，执行“数据”→“排序”菜单命令，弹出如图 3.19 所示的“排序”对话框，在主要关键字的下拉列表中选择“部门”后单击确定按钮。

图 3.19　“排序”对话框

步骤 2：完成分类字段排序后，执行“数据”→“分类汇总”菜单命令，弹出如图 3.20 所示的“分类汇总”对话框，在分类字段的下拉列表中选择“部门”，在汇总方式的下拉列表中选择“平均值”，在选定汇总项文本框中选中“工资”复选框，并选中“替换当前分类汇总”、“汇总结果显示在数据下方”两个复选框后单击 确定 按钮。

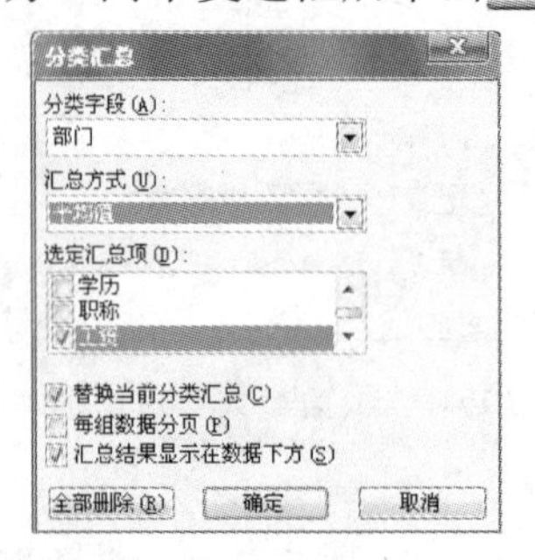

图 3.20 “分类汇总”对话框

步骤 3：单击工资表左侧 4 个二级汇总结构图的“－”号，隐藏详细数据项。

关闭并保存 PJT8.XLS 文件。

6．归纳说明

在对工作表中数据进行计算时，引用单元格时分为相对引用、绝对引用和混合引用三种，如果希望某单元格或某单元格区域固定，应使用绝对引用，方法是选中该单元格或区域后按【F4】键。

描述单元格区域时，某单元格至另一单元格之间用冒号表示是连续的区域，用逗号则表示各单元格。

在函数中，涉及条件在两个以上时，可用 AND 或 OR 将这些条件连接起来，如“IF（AND（D3="工程部",E3>=4000）,…,…）”表示同时满足两个条件，Excel 中所有的标点符号均为英文状态。

在数据筛选操作中，针对同一字段的条件可以有两个，其关系分“与”、“或”两种，“与”就是同时满足，“或”就是只需满足其一。多个字段之间的条件，对于自动筛选，只能实现同时满足的关系，要形成或者的关系，应执行高级筛选，方法是，先将字段行复制到数据区域外的新一行，并在复制后的字段行下输入多个条件，同一行的条件表示同时满足，错开一行的表示或者关系，而后执行“数据”→“筛选”→“高级筛选”菜单命令，根据向导提示操作即可。

在做分类汇总前，必须先以分类字段进行排序。排序最多有 3 个关键字，除数值、日期型的数据可以直接降序或升序比较大小外，字符型的数据默认按 ASCII 码大小排序，对于汉字则就是汉语拼音字母顺序，也可在如图 3.20 所示的“排序”对话框中单击“选项”按钮，在弹出的对话框中选择按笔画或自己事先定义好的自定义序列排序。排序结束后，即可按照分类字段进行求和、计数、平均值等汇总计算。

7．拓展训练项目

打开 CJB.XLS 工作簿，完成“成绩表”工作表中的得分计算，并按性别分类汇总出男女生计算机应用基础考试的每项平均分。

项目 3　公司工资表数据分析

1．能力目标

能使用数据透视表对工资表中的数据进行统计分析，用图表对工资表数据进行趋势、对比分析。

2．知识目标

（1）掌握 Excel 数据透视表的创建；

（2）掌握图表的创建。

3．项目描述

子项目 1：统计分析“工资表”工作表中男女各职称的工资平均值，并将结果嵌入到当前工作表 G2 开头的单元格区域中，完成后的效果如图 3.21 所示。

G	H	I	J	K
平均值项:工资	职称			
性别	高工	工程师	助工	
男	5000	3611.111111	2500	
女	5142.857143	3666.666667	2500	

图 3.21　子项目 1 效果图

子项目 2：图表分析“公司工资变化”工作表中的数据，将近四年工资支出对比图嵌入在当前工作表 A7～G20 的区域中，完成后的效果如图 3.22 所示。

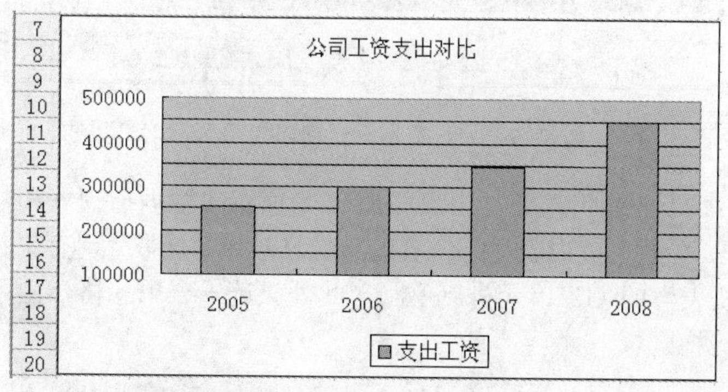

图 3.22　子项目 2 效果图

4．解决方案

对于子项目 1，可使用“数据”→“数据透视表和数据透视图”菜单命令实现，其中透视表布局效果、保存位置、格式选项可在数据透视表创建向导的步骤中完成。

对于子项目 2，可使用“插入”→“图表”菜单命令或直接单击常用工具栏中的按钮，再根据图表创建向导完成。

5. 实现步骤

子项目 1 的实现方法如下。

步骤 1：打开 pjt9.xls 工作簿，单击“工资表”数据区域中的任意一个单元格，执行“数据”→“数据透视表和数据透视图”菜单命令，弹出如图 3.23 所示的“数据透视表和数据透视图向导-3 步骤之 1”对话框。

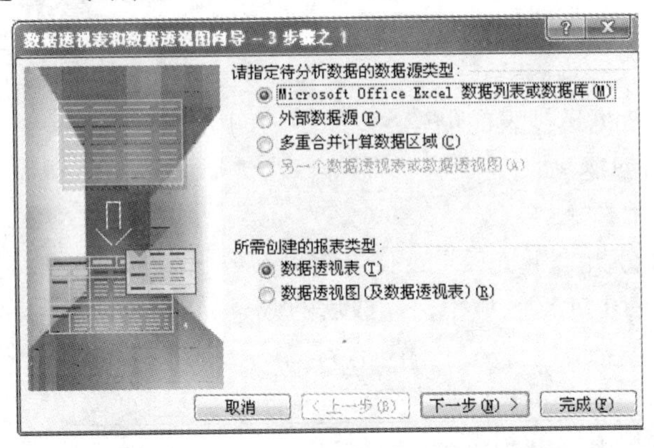

图 3.23　“数据透视表和数据透视图向导-3 步骤之 1”对话框

步骤 2：在“所需创建的报表类型”中，选择“数据透视表”单选按钮，单击“下一步”按钮，出现如图 3.24 所示的“数据透视表和数据透视图向导-3 步骤之 2”对话框，系统已自动将 A2～E42 数据区域固定为创建数据透视表的数据源区域。

图 3.24　“数据透视表和数据透视图向导-3 步骤之 2”对话框

步骤 3：单击“下一步”按钮，出现如图 3.25 所示“数据透视表和数据透视图向导-3 步骤之 3”对话框，在数据透视表显示位置的单选选项中，选取“现有工作表”，并单击按钮，选取“工资表”的 G2 单元格后返回，此处只选一个单元格，由系统自动向下、向右选择需要的单元格区域。

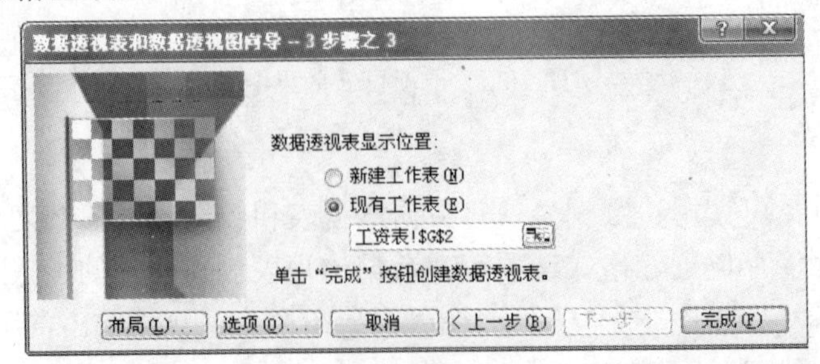

图 3.25　“数据透视表和数据透视图向导-3 步骤之 3”对话框

步骤 4：单击图 3.25 中的“布局”按钮，出现如图 3.26 所示的“数据透视表和数据透视图向导-布局”对话框，分别将右边可选字段的性别、职称和工资拖放到行、列及数据区域，并双击数据区域的工资字段默认统计方式，改为“平均值”后单击 确定 按钮。

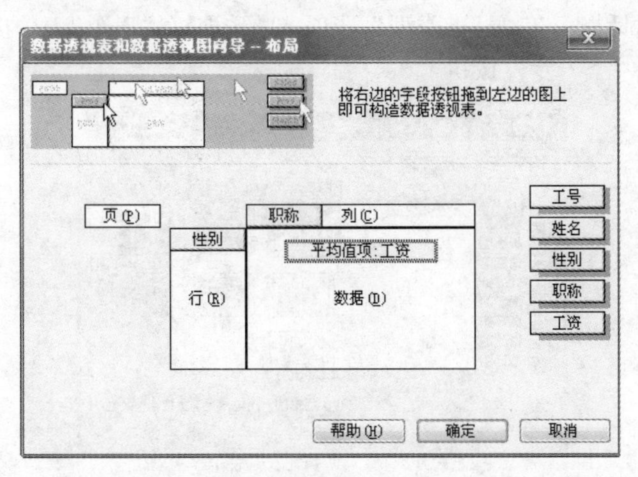

图 3.26　“数据透视表和数据透视图向导-布局”对话框

步骤 5：返回图 3.25，单击“选项”按钮出现如图 3.27 所示的“数据透视表选项”对话框，根据子项目要求，去除格式选项中的“列总计”、“行总计”两个默认的复选项后单击 确定 按钮。

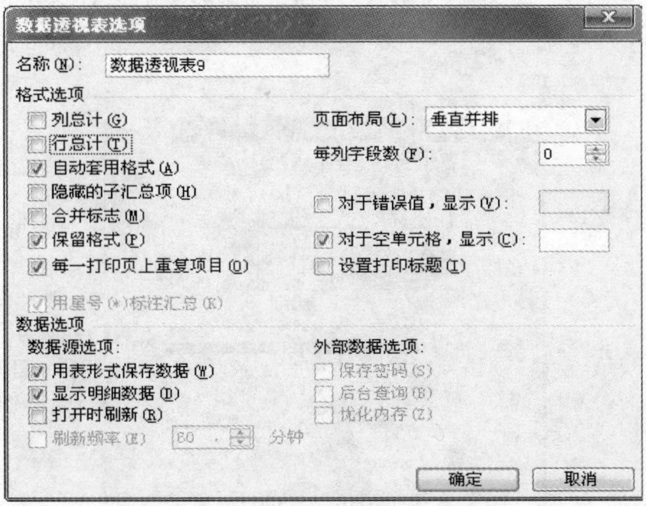

图 3.27　“数据透视表选项”对话框

步骤 6：再次返回图 3.5 后，单击“完成”按钮，关闭数据透视表的浮动工具按钮，完成子项目 1。

子项目 2 的实现方法如下。

步骤 1：在“公司工资变化”工作表中，选取 A1~B5 单元格区域，执行“插入”→“图表”菜单命令，或单击常用工具栏中的按钮，出现如图 3.28 所示的“图表向导-4 步骤之 1-图表类型”对话框，在“标准类型”选项卡中选取“柱形图”中的“簇状柱形图”子图表类型后，单击“下一步”按钮。

图 3.28　“图表向导-4 步骤之 1-图表类型”对话框

步骤 2：在如图 3.29 所示的“图表向导-4 步骤之 2-图表源数据”对话框中，选取系列产生在列，即以年份作为 X 轴分类标志，支出工资作为数据系列（注：此处如设置系列产生在行，其效果是以行标中的支出工资作为 X 轴分类标志，产生四年的四个系列），单击“下一步”按钮。

图 3.29　“图表向导-4 步骤之 2-图表源数据”对话框

步骤 3：在如图 3.30 所示的“图表向导-4 步骤之 3-图表选项”对话框中，在“标题”选项卡中，设置“图表标题”为“公司工资支出对比”，在“网格线”选项卡中，选取“数值（Y）轴”的“主要网格线”和“次要网格线”复选框，在“图例”选项卡中，设置显示图例在底部，设置完成后单击“下一步”按钮。

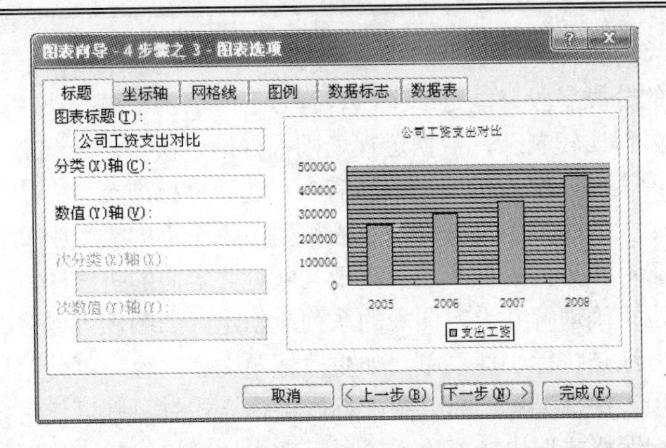

图 3.30 “图表向导-4 步骤之 3-图表选项”对话框

步骤 4：在如图 3.31 所示的“图表向导-4 步骤之 4-图表位置”对话框中，将图表作为其中的对象插入到“公司工资变化”工作表中，并单击“完成”按钮，并用拖动及图表的调节手柄将图表调整到 A7～G20 区域。

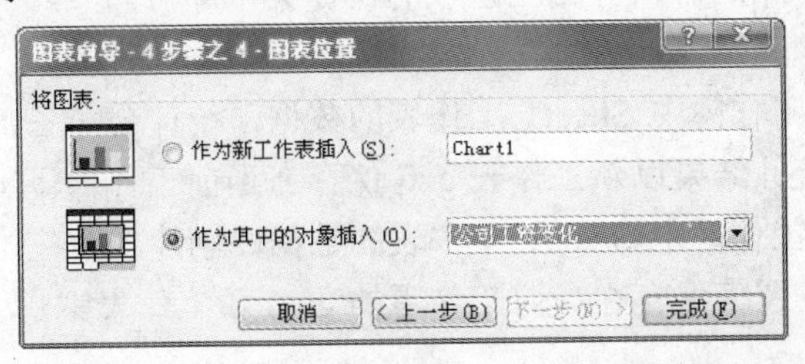

图 3.31 “图表向导-4 步骤之 4-图表位置”对话框

步骤 5：使用鼠标右键单击图表数值（Y）轴，在打开的快捷菜单中执行“坐标轴格式”菜单命令，出现如图 3.32 所示的“坐标轴格式”对话框，在“刻度”选项卡中，设置最小值为“100000”，最大值为“500000”，主要刻度单位为“100000”，次要刻度单位为“50000”，采用自定义的设置后，自动设置自动取消，单击 确定 按钮完成子项目 2。

坐标轴格式
图案 刻度 字体 数字 对齐
数值(Y)轴刻度
自动设置
最小值(N): 100000
最大值(X): 500000
主要刻度单位(A): 100000
次要刻度单位(I): 50000
分类(X)轴
交叉于(C): 0
显示单位(U): 无 图表上包含显示单位标签(D)
对数刻度(L)
数值次序反转(R)
分类(X)轴交叉于最大值(M)
确定 取消

图 3.32 坐标轴格式对话框

6．归纳说明

数据分类汇总的分类字段只能是一个，若有多于一个的汇总分类项，则利用分类汇总要进行多次操作，显得比较繁杂，数据透视表则很好地解决了这一问题。

在创建 Excel 图表时，用户可根据实际需求，选择“标准类型”或“自定义类型”两大类中的一类，每个大的种类中又有许多小的类型，每个小的类型中又包含着数目不等的子图表类型，如用于对比数据的柱形图、用于判断趋势走向的折线图、用于分析比例的饼图等。创建图表时应正确理解并设定图表的系列，创建好的图表可以修改，甚至是更改图表的类型，常见的方法是执行快捷菜单，如更改标题文字内容，可使用鼠标右键单击图表区，执行“图表选项”快捷菜单，而要更改标题字体格式时，则可使用鼠标右键单击图表标题，执行“图表标题格式”快捷菜单，子项目 2 中的网格线格式设置，就是通过右键单击数值轴，执行“坐标轴格式”快捷菜单完成的。该子项目中的坐标轴最小值即数值（Y）轴的坐标原点，最大值即数值（Y）轴的最高点，主要刻度线及次要刻度线的设置，可以帮助用户初步看清数值的大致高低。此外，对于某些图表，用户还可以更改背景墙，更改三维效果等，方法基本相同，执行相应区域的快捷菜单即可。

7．拓展训练项目

（1）利用 gzb.xls 工作簿中 Sheet1 工作表的数据，统计公司各部门、各性别、各学历的工资平均值，并将统计结果以新工作表 gztj 保存在当前工作簿下。

（2）利用 gzb.xls 工作簿中 Sheet1 工作表的数据，创建一个三维簇状柱形图，对公司员工的工资进行比对，图表保存在当前工作簿的 gztb 新工作表中。

第 4 章　PowerPoint 2003 幻灯片

项目 1　毕业论文答辩演讲稿的制作

1. 能力目标

能使用 Office 2003 办公软件中的 PowerPoint 制作演示文稿，能对演示文稿进行基本修饰。

2. 知识目标

（1）掌握新建演示文稿的基本方法；

（2）掌握在幻灯片中插入表格和图表的方法；

（3）掌握在幻灯片中插入文本框的方法；

（4）掌握在幻灯片中插入艺术字、剪贴画等图片的方法；

（5）掌握在幻灯片中插入页眉和页脚的方法。

3. 项目描述

项目任务：学生小王决定制作一份论文答辩演讲稿，该演讲稿不仅能正确反映答辩的主要内容，而且还通过添加艺术字、图片、文本框、项目符号、页眉页脚等使答辩内容显得更生动活泼。

子项目 1：应用“设计模板”创建标题幻灯片，通过“插入新幻灯片”的方法制作第 2～8 张幻灯片，并设置所有幻灯片的版式及占位符格式。

子项目 2：为指定的幻灯片添加艺术字、外部图片、文本框、剪贴画、日期、页脚及编号。

子项目 3：保存并观看放映幻灯片。

所制作的幻灯片如图 4.1 所示。

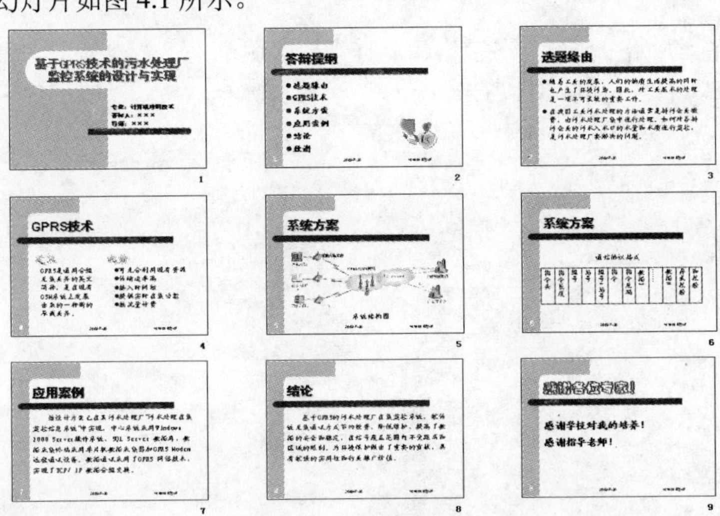

图 4.1　幻灯片

4．解决方案

（1）子项目 1 可通过“新建演示文稿”任务窗格中的“根据设计模版”选项来完成幻灯片的创建，然后再通过“幻灯片版式”任务窗格以及“格式”菜单或“格式”工具栏来完成。

（2）子项目 2 可通过“插入”菜单中的相关命令来完成。

（3）子项目 3 可通过“幻灯片放映”菜单中的相关命令来完成。

5．实现步骤

子项目 1 的实现方法如下。

步骤 1：启动 PowerPoint 2003，其工作界面如图 4.2 所示。

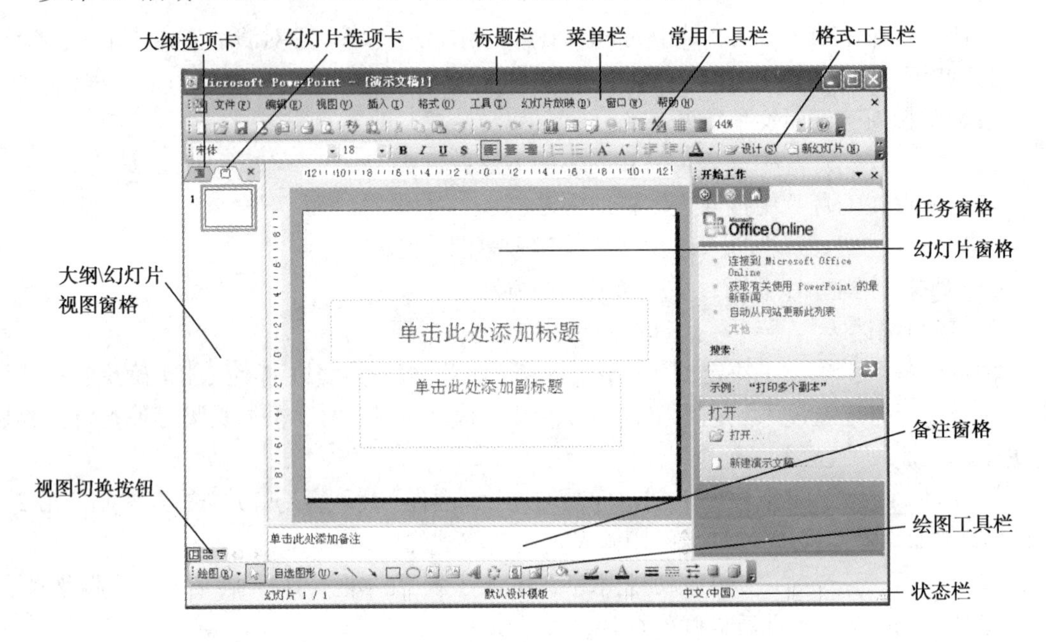

图 4.2　PowerPoint 2003 的工作界面

步骤 2：在“开始工作”任务窗格的“打开”区域单击“新建演示文稿”选项，弹出“新建演示文稿”窗口，如图 4.3 所示。

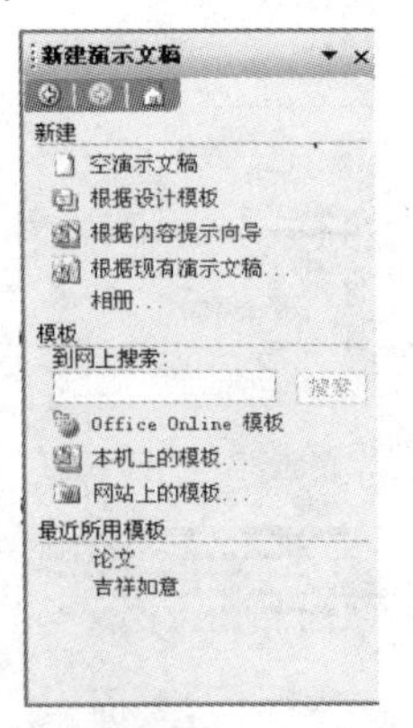

图 4.3　“新建演示文稿”窗口

步骤 3：选择“根据设计模板”选项，出现如图 4.4 所示的“幻灯片设计”窗口，选择“capsules.pot”模板，出现如图 4.5 所示的标题幻灯片。

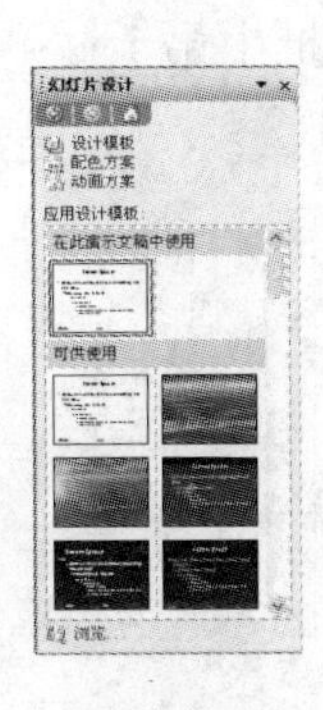

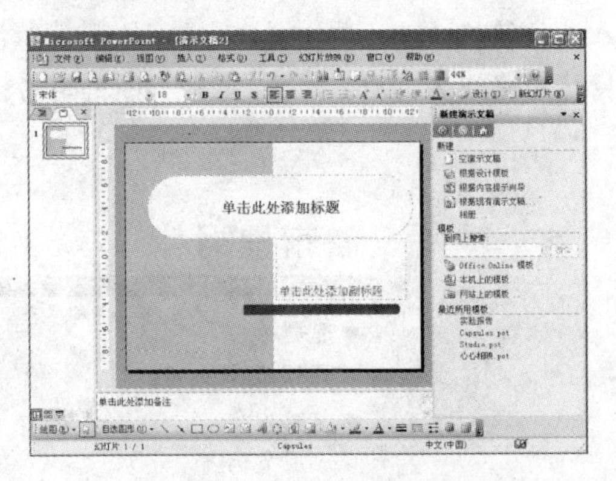

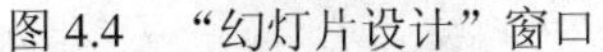

图 4.4　“幻灯片设计”窗口　　　　图 4.5　标题幻灯片

步骤 4：输入标题和副标题内容，并设置格式，如图 4.6 所示。

- 标题文本：黑体、48 号、加粗、阴影、红色、水平居中；
- 副标题文本：黑体、23 号、加粗、黑色、水平居左、行距 1.2 行。

图 4.6　制作好的标题幻灯片

步骤 5：执行“插入”→“新幻灯片”命令，打开如图 4.7 所示的“幻灯片版式”窗口，选择“标题和文本”版式。

所谓“版式”即幻灯片上各对象的排版方式，PowerPoint 2003 中共有 4 类 31 种版式，每一种都有固定的名称。

图 4.7　“幻灯片版式”窗口

步骤 6：设置第 2 张幻灯片的格式，如图 4.8 所示。

- 标题占位符格式为：黑体、48 号、加粗、阴影、蓝色、水平居左；
- 文本占位符格式为：楷体、32 号、加粗、黑色、水平居左、行距 1.3 行；
- 项目符号格式为：90%字高、蓝色，项目符号样式选择列表框中第 1 行第 2 列式样。

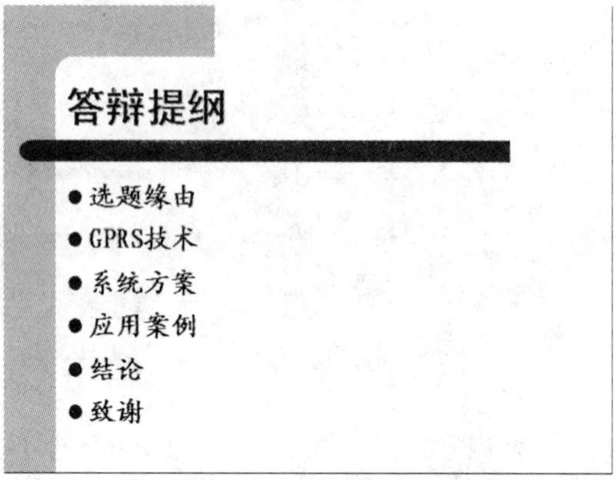

答辩提纲

- 选题缘由
- GPRS技术
- 系统方案
- 应用案例
- 结论
- 致谢

图 4.8　第 2 张幻灯片

步骤 7：制作第 3 张幻灯片，如图 4.9 所示。

要求文本占位符中字体格式为：楷体、28 号、黑色、水平居左、段后距离 0.5 行；其他设置与第 2 张幻灯片相同。

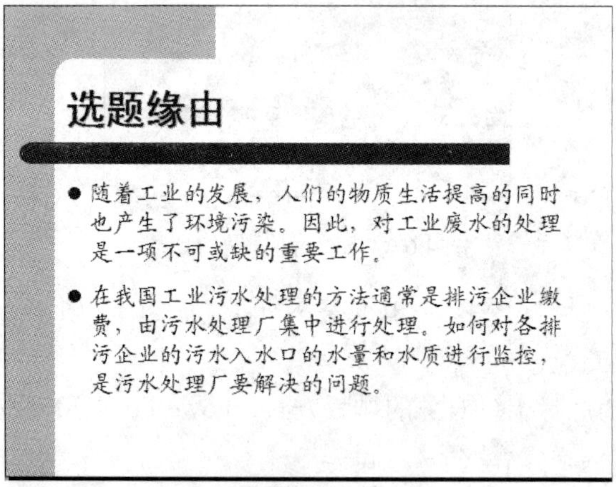

选题缘由

- 随着工业的发展，人们的物质生活提高的同时也产生了环境污染。因此，对工业废水的处理是一项不可或缺的重要工作。
- 在我国工业污水处理的方法通常是排污企业缴费，由污水处理厂集中进行处理。如何对各排污企业的污水入水口的水量和水质进行监控，是污水处理厂要解决的问题。

图 4.9　第 3 张幻灯片

步骤 8：制作第 4 张幻灯片，如图 4.10 所示。

插入新幻灯片，选择“标题和两栏文本”版式，标题格式与前 2 张幻灯片相同。左右两列文本占位符的字体格式均为：楷体、28 号、黑色、水平居左。右列文本占位符的项目符号格式与第 3 张幻灯片相同。

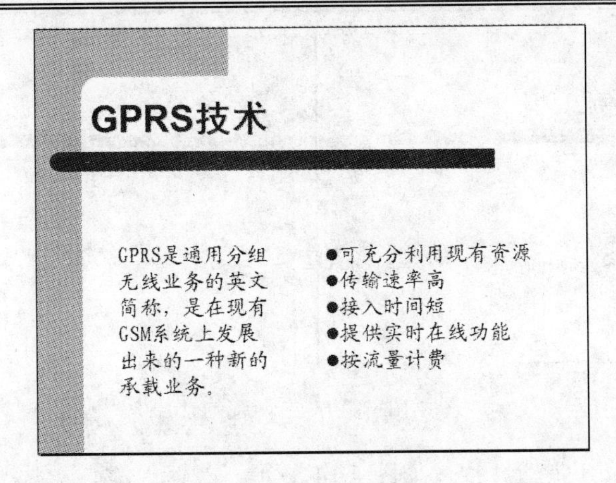

图 4.10　第 4 张幻灯片

步骤 9：制作第 5 张幻灯片，如图 4.11 所示。

插入新幻灯片，选择“标题和表格”版式，参照上面的方法输入标题文字并设置格式。双击“表格占位符”，打开如图 4.12 所示的“插入表格”对话框，插入一个 1 行 12 列的表格并编辑，要求：表格中文字方向竖排、左对齐、字体为楷体、28 号，字体颜色为黑色。

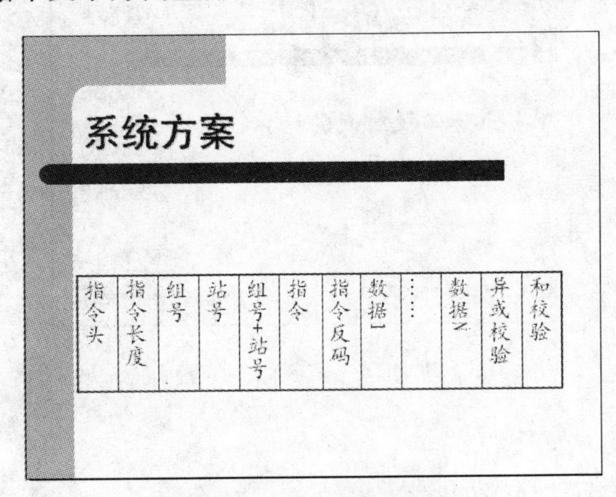

图 4.11　第 5 张幻灯片

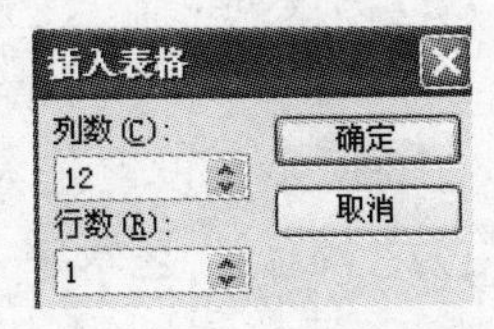

图 4.12　“插入表格”对话框

步骤 10：参照第 3 张幻灯片的制作方法，制作第 6、7 两张幻灯片，设置文本占位符中段落的行距为 1.2 行，如图 4.13 所示。

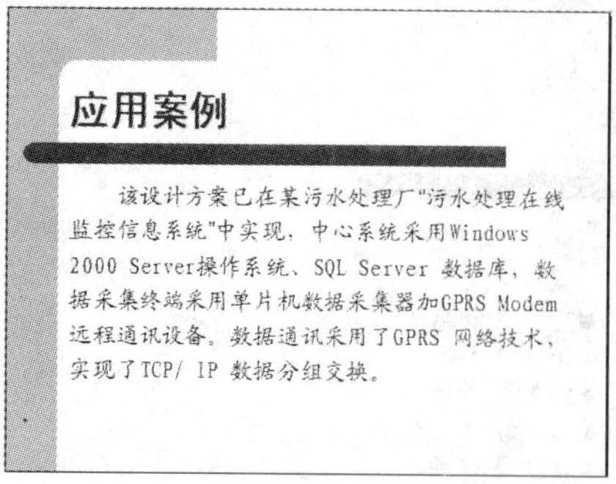

应用案例

该设计方案已在某污水处理厂"污水处理在线监控信息系统"中实现，中心系统采用Windows 2000 Server操作系统、SQL Server 数据库，数据采集终端采用单片机数据采集器加GPRS Modem远程通讯设备。数据通讯采用了GPRS 网络技术，实现了TCP/ IP 数据分组交换。

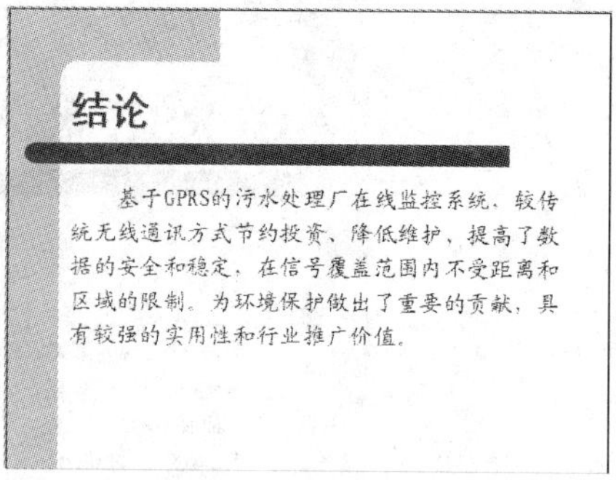

结论

基于GPRS的污水处理厂在线监控系统，较传统无线通讯方式节约投资、降低维护，提高了数据的安全和稳定，在信号覆盖范围内不受距离和区域的限制。为环境保护做出了重要的贡献，具有较强的实用性和行业推广价值。

图 4.13　第 6、7 两张幻灯片

步骤 11：制作第 8 张幻灯片，如图 4.14 所示。

插入新幻灯片，选择“标题和文本”版式，标题占位符中字体的格式为：华文彩云、54 号、加粗、阴影、红色、水平左对齐。文本占位符中字体的格式为：楷体、40 号、加粗、黑色、水平左对齐、行距 1.4 行。

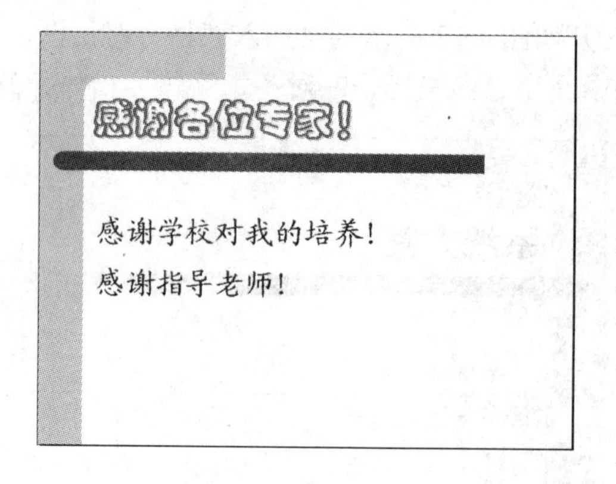

图 4.14　第 8 张幻灯片

子项目 2 的实现方法如下。

步骤 1：为第 4 张幻灯片添加艺术字。

打开第 4 张幻灯片，执行“插入”→“图片”→“艺术字”菜单命令，打开“艺术字库”对话框，选择艺术字样式为第 2 行第 5 列，输入艺术字文字“定义”，并设置字体格式为：楷体、40 号、加粗。

利用“艺术字”工具栏，如图 4.15 所示，设置艺术字的格式为：八边形，填充颜色为“熊熊火焰”，线条无颜色，字符间距为“稀疏”。艺术字在幻灯片上的位置为：度量依据“左上角”，水平 2.9cm，垂直 7.13cm。

图 4.15　“艺术字”工具栏

利用“绘图”工具栏，如图 4.16 所示，设置艺术字为：阴影样式 6。

图 4.16　“绘图”工具栏

使用同样的方法添加艺术字“优势”，并设置它的位置为：度量依据“左上角”，水平 12.3cm，垂直 7.13cm，效果如图 4.17 所示。

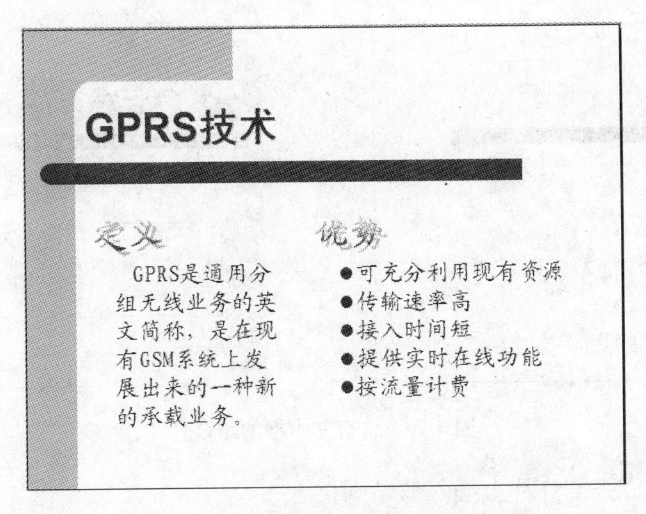

图 4.17　含有艺术字的幻灯片

步骤 2：在第 4 张幻灯片后添加新幻灯片，版式为“只有标题”，标题的内容及格式与原来的第 5 张幻灯片相同，并在新幻灯片上添加外部图片。

执行“插入”→“图片”→“来自文件”菜单命令，在幻灯片中添加图片“系统结构图.jpg”，双击图片，设置图片的大小及位置，如图 4.18 所示。

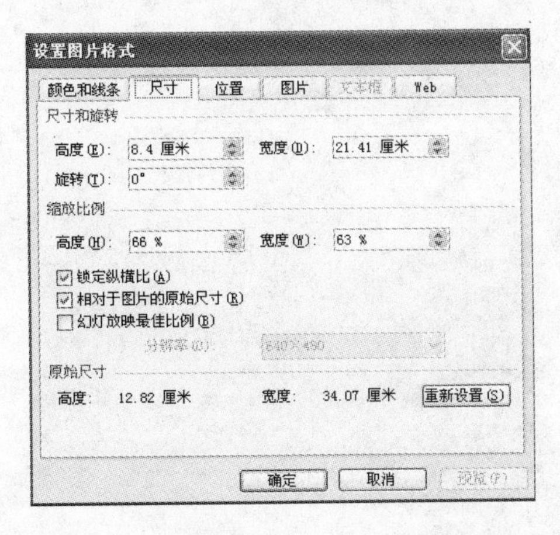

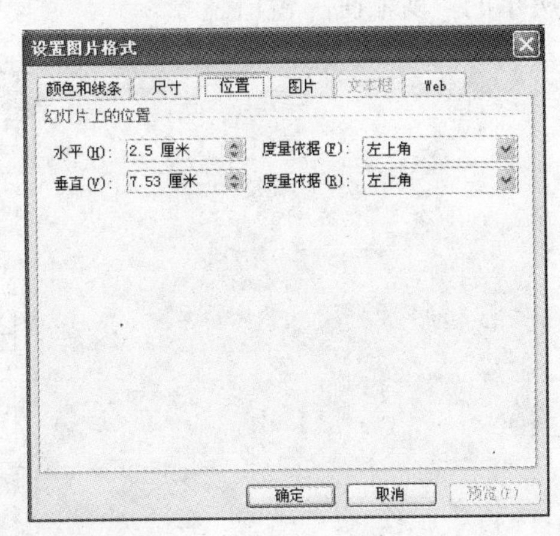

图 4.18　“设置图片格式”对话框

步骤 3：在第 5、6 两张幻灯片上添加文本框。

在 PowerPoint 2003 中，文本框有竖排和横排两种，占位符本身也是一种特殊的文本框，所以文本框与占位符格式上基本类似，在编辑操作上也基本相同，例如：可以给它们填充各种效果，可以设置它们的尺寸位置等。

依次打开第 5、6 两张幻灯片，执行“插入”→“文本框”→“水平”菜单命令，分别为幻灯片上的图片和表格添加标题文字，效果如图 4.19 所示。要求字体格式为：楷体、28 号、黑色、左对齐。

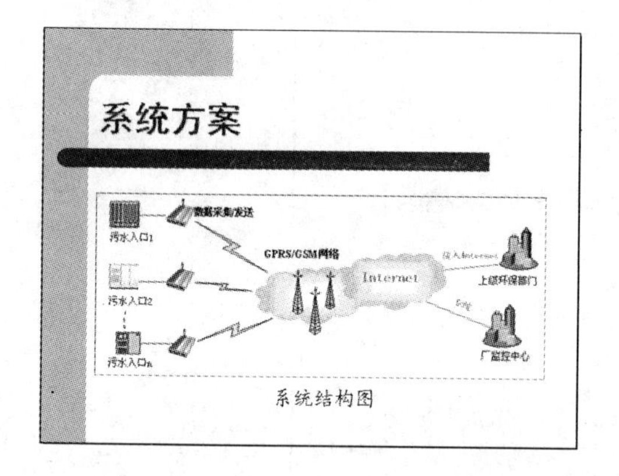

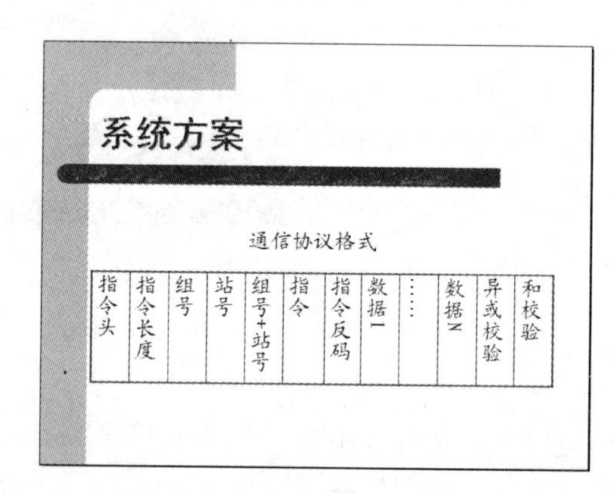

图 4.19　含有文本框的幻灯片

步骤 4：在第 2 张幻灯片上插入剪贴画。

Microsoft Office 中有一个剪贴画库，又称剪辑库。这里不仅能存放扩展名为.wmf 的剪贴画文件，也可以分门别类地收藏各种各样的图片文件，还可以把声音和视频文件也放到其中收藏起来，通常还可以使用软件附带的“剪辑管理器”专用工具进行整理，需要时以插入剪贴画的方式插入到文件的相应位置，非常方便。

打开第 2 张幻灯片，执行“插入”→“图片”→“剪贴画”菜单命令，打开如图 4.20 所示的“剪贴画”窗口。

图 4.20　“剪贴画”窗口

在“搜索文字”文本框中输入要搜索的剪贴画的主题，然后单击“搜索”按钮，则系统开始在收藏集中搜索指定类型的图片，最后单击要插入的剪贴画。也可以单击剪贴画右侧的按钮▾，打开下拉菜单，如图 4.21 所示，按要求编辑剪贴画，如插入、复制、查看图片属性等。剪贴画的格式设置方法与插入外部图片的方法基本类似。

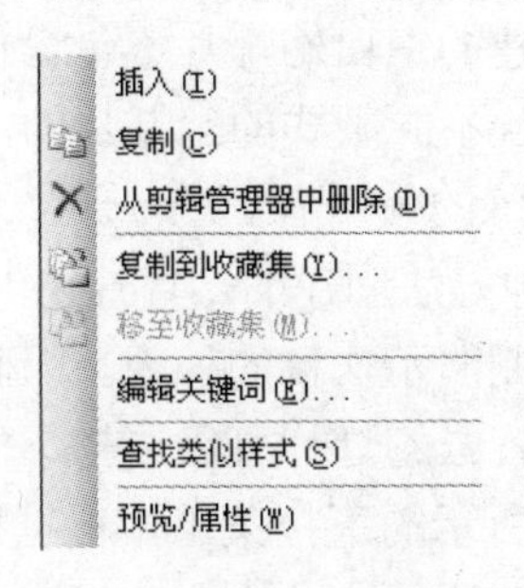

图 4.21　剪贴画的下拉菜单

步骤 5：为第 2～9 张幻灯片添加日期、页脚及编号。

若要将幻灯片编号、时间和日期等信息添加到每张幻灯片，通常使用页眉和页脚。默认情况下，幻灯片不包含页眉，但可以将页脚占位符移动到页眉位置。

执行“视图”→“页眉和页脚”菜单命令，或者执行“插入”→“幻灯片编号或日期和时间”菜单命令，打开如图 4.22 所示的“页眉和页脚”对话框。

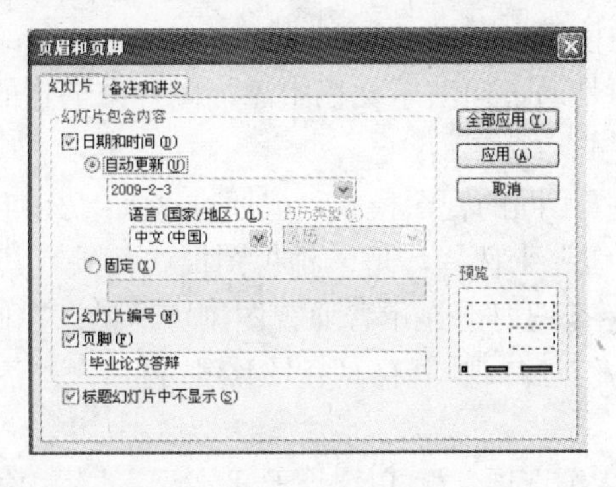

图 4.22　“页眉和页脚”对话框

选择“幻灯片”选项卡，参照如图 4.22 所示方法进行设置，最后单击“全部应用”按钮。此时除标题幻灯片以外，其他所有幻灯片上均显示页脚信息，并且无论何时打开文件，系统都会自动更新日期与时间。

子项目 3 的实现方法如下。

将演示文稿以文件名“毕业论文答辩演讲稿”、保存类型为“演示文稿（*.ppt）”保存在 lx10 文件夹中；执行“幻灯片放映”→“观看放映”菜单命令，或直接按【F5】键，观看放映效果。

6．归纳说明

（1）创建演示文稿的各种方法。

本项目利用“设计模板”创建了演示文稿，，从图 4.23 中可以看出 PowerPoint 2003 提供了 4 种常用的新建演示文稿的方法：

- 空演示文稿。这种方法创建的空白幻灯片不包含任何颜色、任何形式的样式等格式定义，只包含占位符，并且不同版式的幻灯片的占位符是不同的，一般适用于对所创建的内容和结构比较熟练的使用者。
- 设计模板。实验表明，这种方法创建的幻灯片已经具有固定的格式，如：配色方案、背景图片等，便于统一控制演示文稿的外观。因此，使用者一般不修改格式，只输入内容。同一演示文稿中各张幻灯片可以选择不同的设计模板。方法是：单击模板右侧的，弹出如图 4.23 所示的下拉菜单，根据要求进行选择。

应用于所有幻灯片(A)
应用于选定幻灯片(S)
显示大型预览(L)

图 4.23　应用设计模板下拉菜单

- 内容提示向导。该方法不仅规定了幻灯片的格式，同时也提供了有关幻灯片主题的文本建议，只要按照向导进行相应的选择即可生成一个完整的演示文稿，一般适用于没有制作经验的使用者。
- 相册。该方法主要是通过向演示文稿中添加图片来创建的。

（2）比较各种视图方式。

在“视图”菜单中选择不同的视图模式，或通过“大纲/幻灯片视图”窗口中的选项卡及左下角的“视图切换按钮”来选择，每一种视图模式都具有其特定的适用场合。

- 普通视图：单击按钮时，显示普通视图浏览窗口，在此窗口中看到 3 个主要窗口，分别是“大纲/幻灯片视图窗口”、“幻灯片窗口”、“备注窗口”。拖动窗口边框，可调整其大小。
- 大纲视图：单击“大纲选项卡”，以大纲形式显示。大纲由每张幻灯片的标题和正文组成。PowerPoint 2003 提供了“大纲”工具栏，如图 4.24 所示，对大纲进行操作。

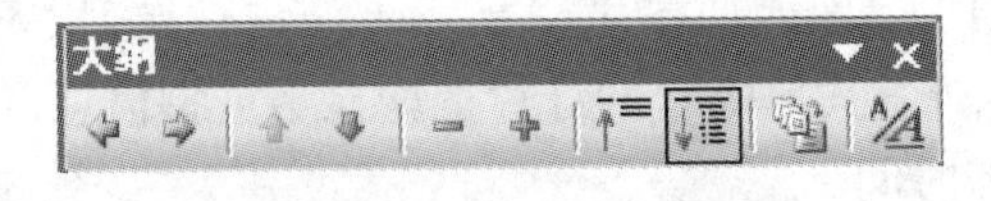

图 4.24　“大纲”工具栏

- 幻灯片视图：单击“幻灯片”选项卡，即可切换到幻灯片视图。
- 幻灯片浏览视图：这种视图方式可以将创建的幻灯片同时排列出来。单击按钮，可以查看多张幻灯片的文本外观。
- 幻灯片放映视图：只要单击按钮即可预览幻灯片。在预览过程中可以通过屏幕看到演示文稿中的动态效果。

- 备注页视图：执行“视图”→“备注页”菜单命令，切换到备注页视图方式，单击备注页文本框即可对备注页进行编辑，用户通过这种方法可以添加与观众共享的备注或信息。

（3）幻灯片的编辑。

① 对幻灯片进行新建、复制、移动、删除操作时，常用的方法有以下 3 种。

方法 1：在“幻灯片浏览视图”方式下，使用鼠标右键单击幻灯片；

方法 2：在“幻灯片视图”方式下，使用鼠标右键单击左窗口中的幻灯片；

方法 3：在“大纲视图”方式下，使用鼠标右键单击左窗口中的幻灯片编号或图标。

无论选择哪种方法，最终都是在“快捷菜单”或者执行“视图”→“剪切”/“复制”/“新幻灯片”/“删除幻灯片”等命令。

② 幻灯片的显示比例。

执行“视图”→“显示比例”菜单命令，或选择常用工具栏的“显示比例”下拉按钮，根据要求设置比例值。

（4）幻灯片中添加多媒体元素。

① 剪贴画、表格、图表的添加和修饰。常用的添加方法有以下 3 种。

方法 1：执行“插入”菜单中相应的命令，如图 4.25 所示。

方法 2：选择与插入对象相关的幻灯片版式，如：“标题和表格”、“标题，文本与图表”、“标题，文本与剪贴画”等，按照占位符提示进行操作。

方法 3：直接从 Word、Excel 等文件中将图片、表格、图表等对象复制粘贴到幻灯片中。

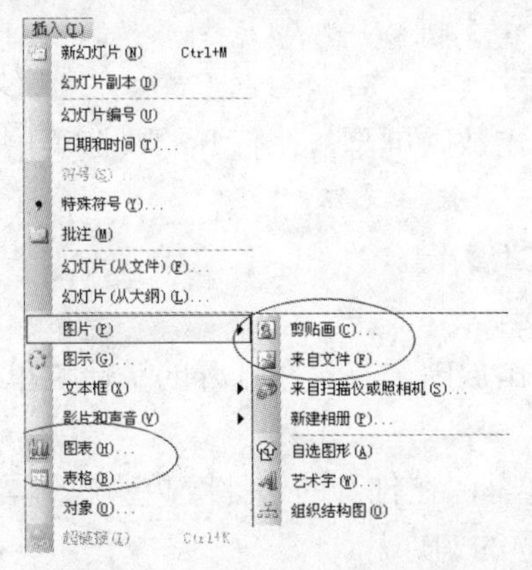

图 4.25　“插入”菜单中的相关命令

表格的编辑要使用“表格和边框”工具栏，如图 4.26 所示，具体设置方法与 Word 相同。图表的编辑与 Excel 方法基本相同。

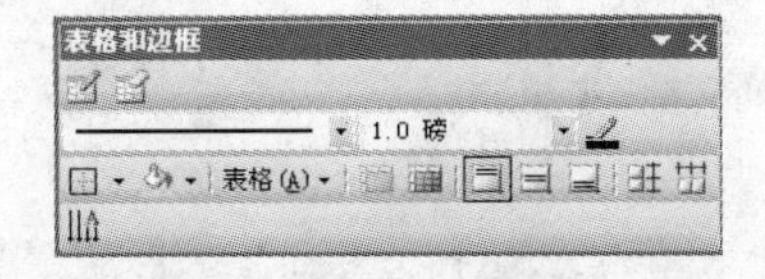

图 4.26　“表格和边框”工具栏

② 自选图形的添加和修饰。自选图形是指一组预定义的形状，包括线条、连接符、箭头、流程图、星与旗帜、标注或者任意形状的自由曲线等。常用的添加方法有以下两种：

方法 1：执行“插入”→“图片”→“自选图形”菜单命令，打开如图 4.27 所示的“自选图形”工具栏，按要求添加图形。

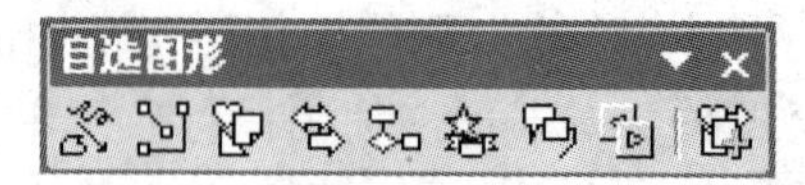

图 4.27　“自选图形”工具栏

方法 2：打开“绘图”工具栏，单击“自选图形”按钮。

自选图形可以改变大小、位置、颜色等格式，设置的方法与图片一样。另外还可以通过“图片”工具栏来修改图形、图片等对象的对比度、亮度、压缩大小等属性，如图 4.28 所示。

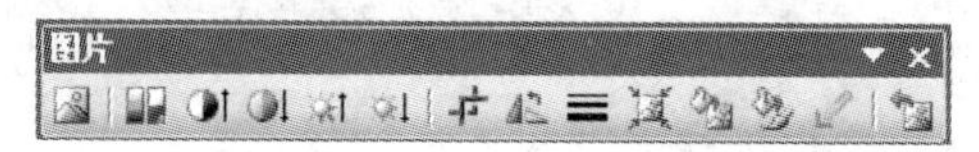

图 4.28　“图片”工具栏

（5）控制放映幻灯片的方法。

① 放映下一张。

方法 1：单击鼠标左键。

方法 2：按【Enter】键。

方法 3：按【→】键或【↓】键。

方法 4：按【Page Down】键。

方法 5：使用鼠标右键单击放映屏幕，在打开的快捷菜单中执行“下一张”菜单命令。

② 放映上一张。

方法 1：按【←】键或【↑】键。

方法 2：按【Page Up】键。

方法 3：使用鼠标右键单击放映屏幕，在打开的快捷菜单中执行“上一张”菜单命令。

③ 放映任意选择页。

使用鼠标右键单击放映屏幕，在打开的快捷菜单中执行“定位至幻灯片”菜单命令，如图 4.29 所示，选择相应主题的幻灯片。

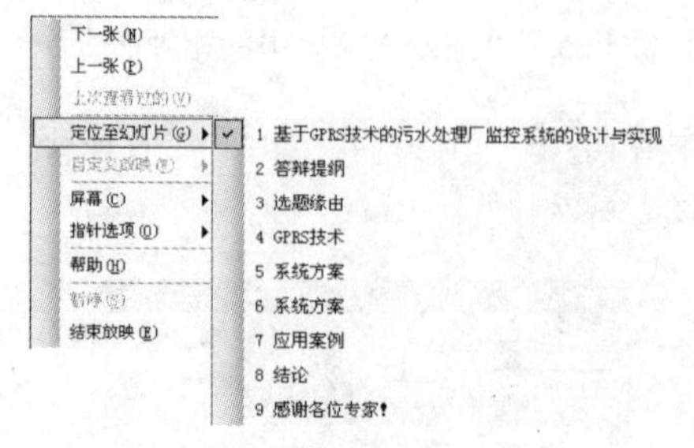

图 4.29　放映屏幕的快捷菜单

④ 结束放映。

方法 1：按【Esc】键。

方法 2：使用鼠标右键单击放映屏幕，在打开的快捷菜单中执行“结束放映”菜单命令。

7．拓展训练项目

制作一个以“毕业求职”为主题的 PowerPoint 演示文稿，文件名为“我的求职简历.ppt”。

要求：

（1）自己收集与主题相关的素材；

（2）使用 Gif 动画作为项目符号；

（3）除标题幻灯片外，均显示幻灯片编号，要求编号位于页脚居中位置；

（4）演示文稿放映过程中持续自动播放背景音乐。

项目 2　“魅力江苏”宣传片的制作

1．能力目标

能灵活运用 Office 2003 办公软件中的 Word/Excel/PowerPoint 对演示文稿进行综合高级修饰。

2．知识目标

（1）掌握幻灯片的背景、母版的使用；

（2）了解幻灯片配色方案的设置；

（3）了解 Gif 动画及 Flash 动画的插入；

（4）掌握在幻灯片中插入声音的方法；

（5）掌握幻灯片切换效果和动画效果的设置；

（6）掌握在幻灯片中添加超级链接的方法；

（7）掌握放映幻灯片的方法。

3．项目描述

项目任务：小王制作了一份介绍江苏的宣传演示文稿，放映后发现不够生动活泼，必须通过更改幻灯片的背景、添加动态的多媒体元素、创建动画等方法，对这份演示文稿重新修饰。

子项目 1：通过修改幻灯片的母版和背景，使所有幻灯片具有统一的外观。

子项目 2：给标题幻灯片添加背景音乐和图片，并设置图片的叠放次序。

子项目 3：将第 5、6 两张幻灯片上的项目符号改为 Gif 动画符号，为所有幻灯片设置切换效果和动画效果。

子项目 4：为第 2 张幻灯片上的目录文字添加超级链接。

子项目 5：设置幻灯片的换片方式为“使用排练计时”，保存演示文稿。

制作好的“魅力江苏”宣传片如图 4.30 所示。

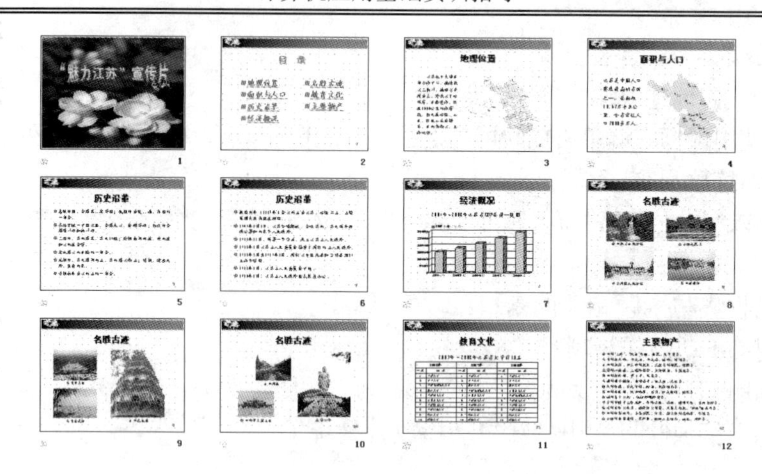

图 4.30　“魅力江苏”宣传片

4．解决方案

子项目 1 可通过“视图”菜单中的“幻灯片母版”命令以及“格式”菜单中的“背景”命令来实现。

子项目 2 可通过“插入”菜单中的“图片”及“影片和声音”两个命令来实现。然后使用鼠标右键单击图片，在打开的快捷菜单中执行“叠放次序”命令。

子项目 3 分两步完成，第一步是在“项目符号和编号”对话框中导入指定的 Gif 动画图标；第二步是通过“幻灯片放映”菜单中的“幻灯片切换”和“自定义动画”命令来实现。

子项目 4 要实现超级链接有 3 种方法：① 使用鼠标右键单击对象，在打开的快捷菜单中执行“超链接”命令；② 执行“插入”菜单中的“超链接”命令；③ 使用常用工具栏上的“插入超链接”按钮。

子项目 5 通过“幻灯片放映”菜单中的“排练计时”、“设置放映方式”两个命令来完成。

5．实现步骤

打开 lx11 文件夹中的“江苏.ppt”。

子项目 1：通过修改幻灯片的母版和背景，使所有幻灯片具有统一的外观。

步骤 1：修改幻灯片的母版。

执行“视图”→“母版”→“幻灯片母版”菜单命令，打开幻灯片母版，如图 4.31 所示。

在母版上方添加图片“背景.jpg”，同时设置“数字区”占位符的字体格式为：黑体、24 号、加粗、绿色，如图 4.32 所示。

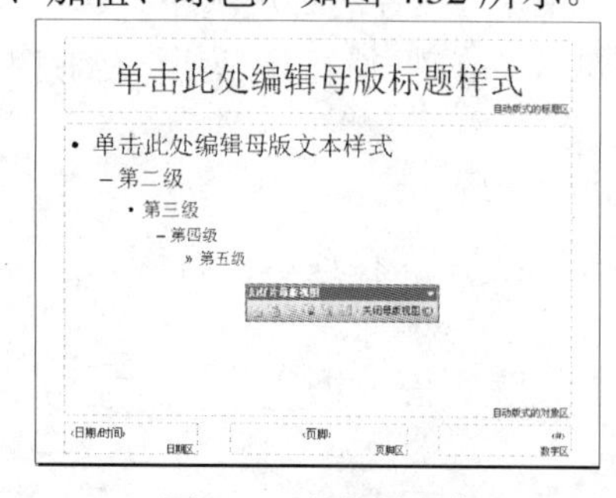

图 4.31　幻灯片母版

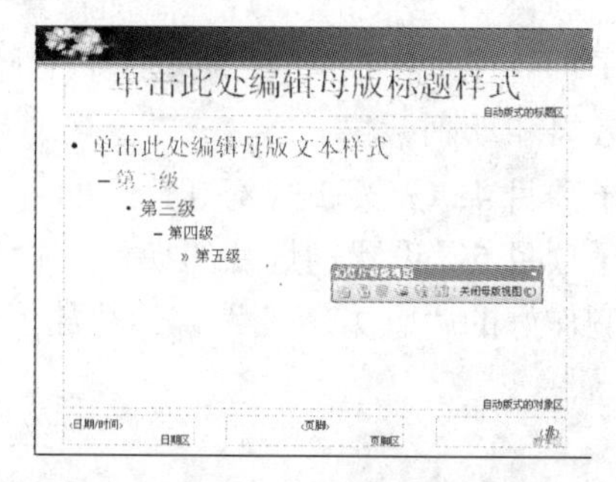

图 4.32　修改后的幻灯片母版

单击“幻灯片母版视图”工具栏上的“关闭母版视图”按钮，可以发现每一张幻灯片上都插入了相同的图片，都具有相同的编号格式。

步骤 2：修改所有幻灯片的背景。

执行“格式”→“背景”菜单命令；或者使用鼠标右键单击幻灯片空白区域，在打开的快捷菜单中执行“背景”命令，打开“背景”对话框。

单击“背景填充”下拉箭头，在弹出的菜单中列出了各种颜色方块，同时还有“其他颜色”和“填充效果”两个菜单命令，此处执行“填充效果”命令，如图 4.33 所示。

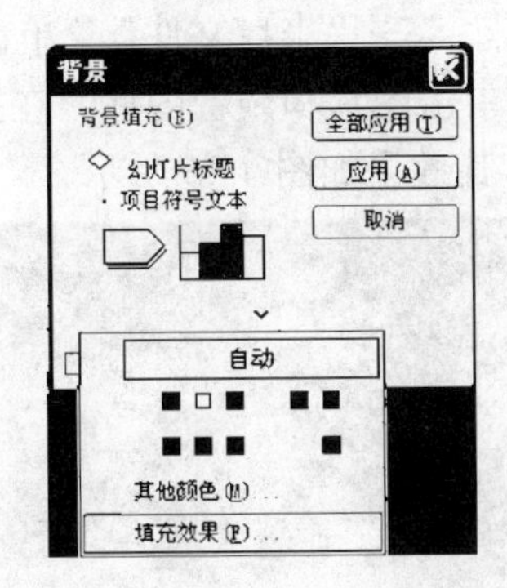

图 4.33　执行“填充效果”命令

在“填充效果”对话框中，设置图案样式 5%、前景色为绿色、背景色为白色，如图 4.34 所示。

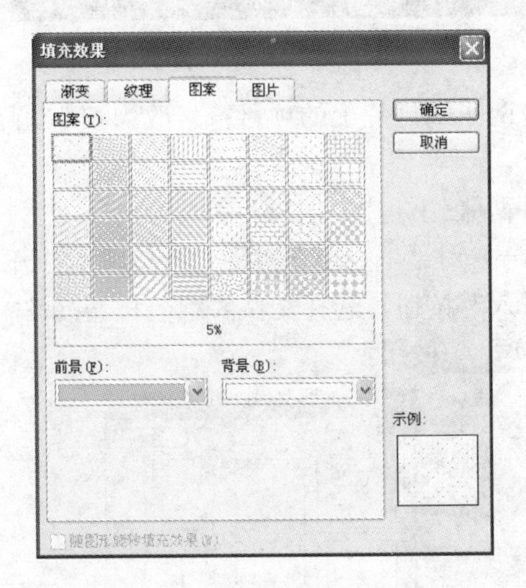

图 4.34　设置图案填充效果

单击 确定 按钮，再单击“全部应用”按钮，这时所有幻灯片都具有相同的背景图案。

子项目 2：给标题幻灯片添加背景音乐和图片，并设置图片的叠放次序。

步骤 1：执行“插入”→“影片和声音”→“文件中的声音”菜单命令，在“插入声音”对话框中选择声音文件“歌曲.mp3”，接着屏幕出现如图 4.35 所示的消息框，单击“自动”按钮。

图 4.35　播放声音消息框

插入声音文件后，幻灯片上会显示一个图标，该图标的大小和位置可以任意改变，并且可以双击它预听声音效果。

步骤 2：执行“插入”→“图片”→“来自文件”菜单命令，添加图片“省花茉莉.jpg”。

步骤 3：依次使用鼠标右键单击图片和声音图标，在打开的快捷菜单中执行“叠放次序”→“置于底层”菜单命令，其效果如图 4.36 所示。

图 4.36　第 1 张标题幻灯片

子项目 3：将第 5、6 两张幻灯片上的项目符号改为 Gif 动画符号。为所有幻灯片设置切换效果和动画效果。

步骤 1：修改第 5、6 两张幻灯片中的项目符号。

打开“项目符号和编号”对话框，单击“图片”按钮，打开“图片项目符号”对话框，如图 4.37 所示，单击“导入”按钮，选择文件“绿色按钮.gif”，则该动画出现在列表中，最后选中对象，单击 确定 按钮。

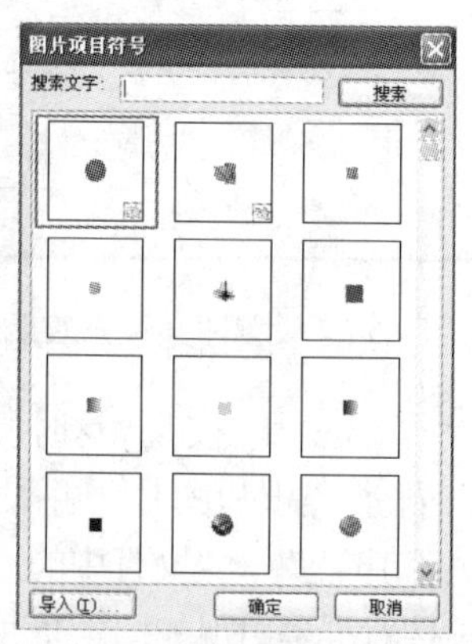

图 4.37　“图片项目符号”对话框

步骤 2：设置幻灯片的切换效果。

打开第 1 张幻灯片，在右侧任务窗口中，执行“幻灯片切换”命令；或者执行“幻灯片放映”→“幻灯片切换”菜单命令，打开“幻灯片切换”任务窗口，如图 4.38 所示。

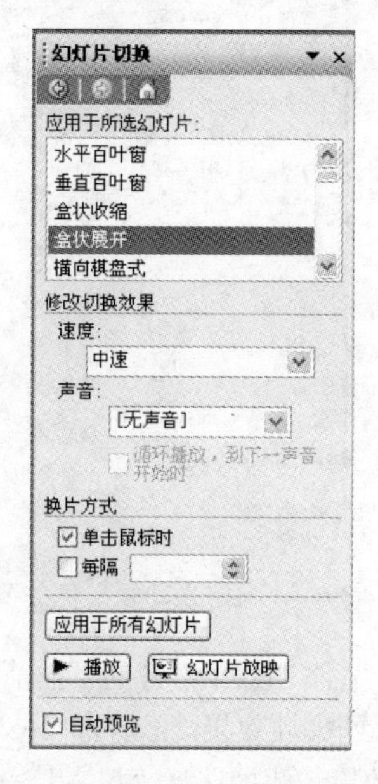

图 4.38　“幻灯片切换”任务窗口

任意选择一种切换效果，如“盒状展开”。选择一种切换速度，如“中速”，然后决定切换过程中是否需要伴随声音，如果需要，则从“声音”下拉列表中进行选择。

设置“换页方式”是“单击鼠标换页”，还是“每隔指定时间自动换页”，根据要求选择相应的复选框。

选择当前切换效果的作用范围。如果只应用于当前幻灯片，则直接放映观看；如果要应用于所有幻灯片，则单击“应用于所有幻灯片”按钮。

使用同样的方法设置其余各张幻灯片的切换效果。

步骤 3：设置幻灯片的动画效果。

给演示文稿中各张幻灯片加上不同的动画效果，以第 4 张幻灯片为例，设置要求如下：

① 标题文本的动画效果为：单击时，向内溶解进入，速度非常快。

② 图片的动画效果为：之后，盒状、方向向外，速度非常快。

③ 说明文字的动画效果为：之后，水平百叶窗，速度非常快。

④ 动画顺序为：标题文本→图片→说明文字。

操作步骤如下。

第 1 步：打开第 4 张幻灯片，执行“幻灯片放映”→“自定义动画”菜单命令，打开如图 4.39 所示的“自定义动画”任务窗口。

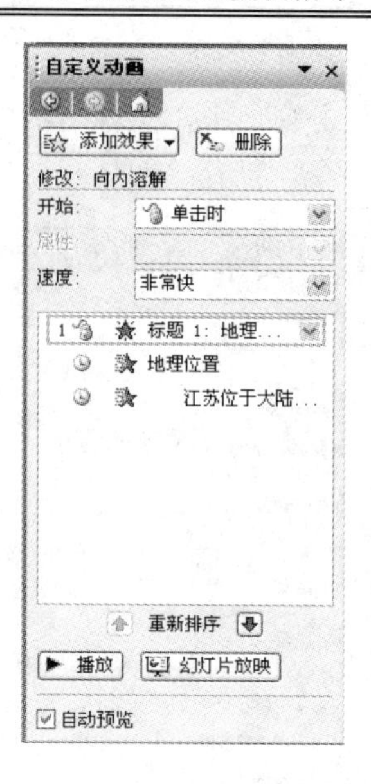

图 4.39　“自定义动画”任务窗口

第 2 步：选中标题文本，单击“添加效果”旁的下拉箭头，出现“效果列表”菜单，如图 4.40 所示，PowerPoint 2003 提供了四大项效果，分别为“进入”、“强调”、“退出”、“动作路径”，其中每种效果中又包含了不同的效果。此处选择“进入”→“向内溶解”菜单命令。

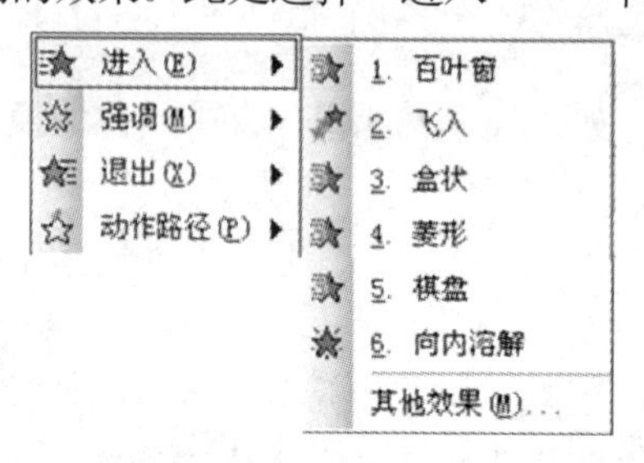

图 4.40　效果列表

第 3 步：在“开始”下拉列表框中选择一种开始展示该动画的触发方式，有 3 种选择，其中：①“单击时”表示单击鼠标时展示动画；②“之后”表示上一个动画结束后自动展示当前动画；③“之前”表示在下一个动画开始之前自动展示当前动画。根据要求选择“单击时”。

第 4 步：在“方向”下拉列表框中选择对象的方向。注意：“方向”会随着动画效果的不同而改变名称，例如，当选择动画效果为“进入、百叶窗”时，则其“方向”分为垂直、水平两种方式。

第 5 步：在“速度”下拉列表框中选择一种合适的速度来展示动画。根据要求选择“非常快”。

第 6 步：使用同样的方法设置第 4 张幻灯片上的其他对象。所有设置完成后，单击“播放”按钮，在幻灯片窗口中自动播放设置的效果。

使用同样的方法设置其他幻灯片的动画效果。

子项目 4：为第 2 张幻灯片上的目录文字添加超级链接。

步骤 1：选中“地理位置”四个字，单击鼠标右键，在弹出的快捷菜单中执行“超链接”命令，如图 4.41 所示。

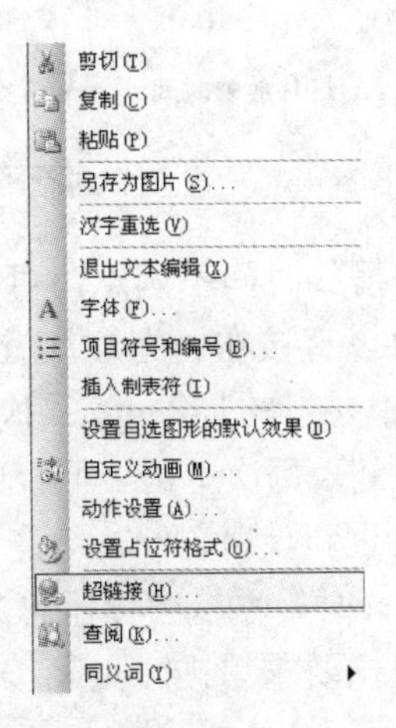

图 4.41　执行“超链接”命令

步骤 2：在弹出的“插入超链接”对话框左侧的“链接到”图标区中，选择超链接的类型为“本文档中的位置”，在右侧区域选择文档中的位置为“3.地理位置”，如图 4.42 所示，单击 确定 按钮完成超级链接的设置。

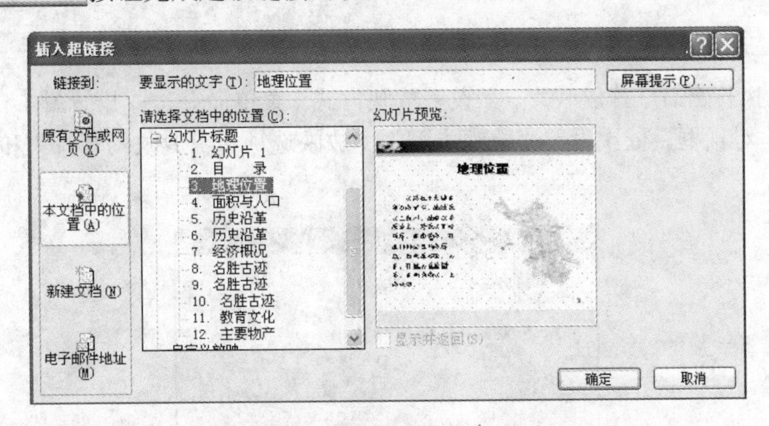

图 4.42　“插入超链接”对话框

步骤 3：使用相同的方法将其他目录文字链接到相应的幻灯片上。多张幻灯片标题相同时，链接到同标题的第 1 张幻灯片上。

步骤 4：放映幻灯片。单击任意目录文字，即可跳转到相应的幻灯片上。

子项目 5：设置幻灯片的换片方式为“使用排练计时”，保存演示文稿。

步骤 1：执行“幻灯片放映”→“排练计时”菜单命令，系统以全屏幕方式播放，同时出现如图 4.43 所示的“预演”对话框。

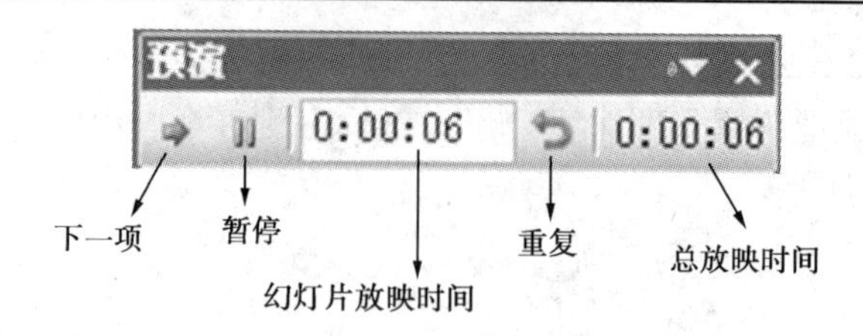

图 4.43 “预演”对话框

步骤 2：如果对当前幻灯片的播放时间不满意，可以单击“重复”按钮重新计时。如果知道幻灯片放映所需的时间，可以直接在“幻灯片放映时间”框中输入所需的时间。

注意：“幻灯片放映时间”框中显示的是每一张幻灯片播放的时间，“总放映时间”框中显示的是整个演示文稿的放映时间。每次单击“下一项”按钮，都会播放下一张幻灯片，同时“幻灯片放映时间”框中都会重新计时。

步骤 3：放映到最后一张幻灯片时，系统会显示总共的时间，出现如图 4.44 所示的消息框，询问是否保留排练时间，根据要求单击“是”按钮。

图 4.44 排练计时消息框

步骤 4：执行“幻灯片放映”→“设置放映方式”菜单命令，打开如图 4.45 所示的“设置放映方式”对话框，依次设置“放映类型”、“放映选项”、“放映幻灯片”和“换片方式”几种选项。

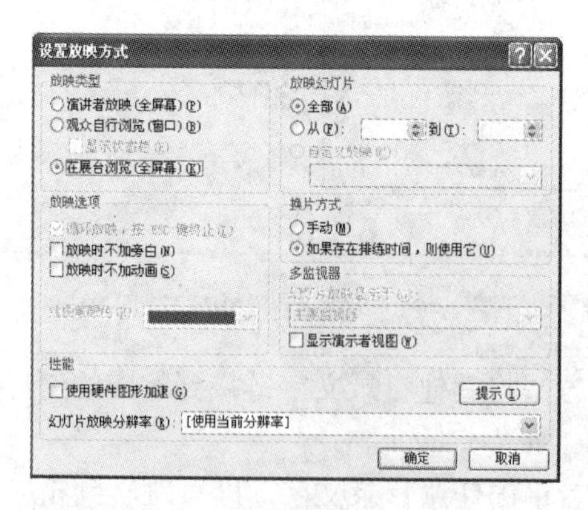

图 4.45 “设置放映方式”对话框

注意：在展台浏览这种放映方式中，如果设置的是手动换片方式放映，那么将无法执行换片的操作。

步骤 5：将演示文稿以文件名“‘魅力江苏’宣传片.ppt”保存到 lx11 文件夹中。

6. 归纳说明

（1）幻灯片母版的应用。

在 PowerPoint 2003 中有 3 种母版，分别是：幻灯片母版、讲义母版及备注母版。母版的作用就是为所有幻灯片设置相同的版式和格式，比如：要求每张幻灯片上都出现相同的徽标、文字、图片、动画等。当演示文稿中幻灯片数量较多时，使用母版来修饰会非常方便、快捷。

（2）幻灯片的背景。

在制作过程中，除了用图案作为背景外，也可以使用颜色、纹理、图片等作为背景。

① 用单一颜色作为背景。

如果选择任意一个颜色方块，单击“全部应用”按钮，幻灯片的背景就会变成指定的方块颜色。

如果颜色方块中没有你想要的颜色，可以单击“其他颜色”按钮，弹出“颜色”对话框，在“标准”选项卡下选取想要的颜色，如图 4.46 所示。如果仍然没有合适的，还可以选择“自定义”选项卡，通过调整颜色的模式、红绿蓝颜色数值来配置自己的颜色，如图 4.47 所示。

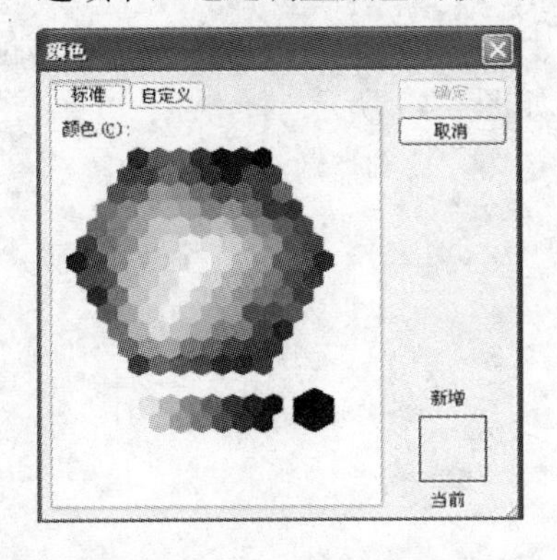

图 4.46　“标准”选项卡

图 4.47　“自定义”选项卡

② 用“渐变”填充效果作为背景。

单击“渐变”选项卡，可以选择单色，也可以选择双色。还可以选择“预设”，即预先设置好的现有的配色方案，每一种方案都有指定的名称，如：暮霭沉沉、雨后初晴等。在对话框的右下角有效果预览图，如图 4.48 所示。

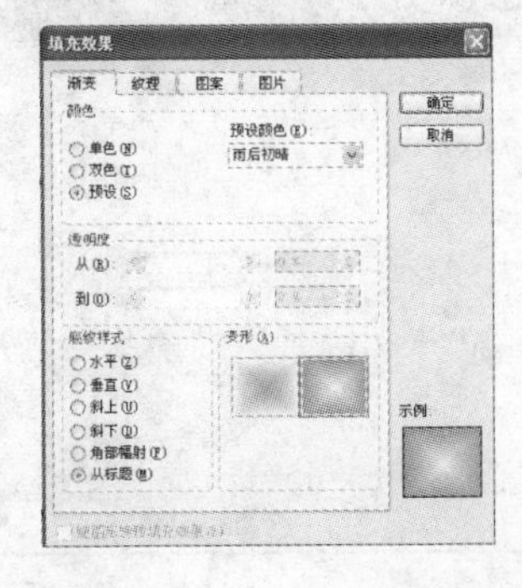

图 4.48　“渐变”填充效果

③ 用纹理和图片作为背景。

单击“纹理”选项卡，选择指定名称的纹理效果。或者单击“图片”选项卡，然后单击“选择图片”按钮，选择需要的图片。

（3）动画的插入。

幻灯片中除了可以插入 Gif 动画外，也可以插入 Flash 动画。插入 Flash 动画的方法有很多种，最基本的方法是添加“shockwave flash object”控件，画出控件大小，然后设置控件的属性，如：影片 URL（绝对路径）、影片是否嵌入等。

（4）设置幻灯片的动画效果。

① 打开“自定义动画”任务窗口的方法以下有 3 种：

方法 1：执行“幻灯片放映”→“自定义动画”菜单命令。

方法 2：在幻灯片任一对象上单击鼠标右键，在打开的快捷菜单中执行“自定义动画”菜单命令。

方法 3：在右侧任务窗口中直接单击“其他任务窗格”下拉按钮，执行“自定义动画”命令。

② 效果选项。

把鼠标移动到任意一个已设置了动画效果的对象上并单击，此时在该对象的右端会出现一个下拉箭头，单击该箭头会出现一个下拉列表，如图 4.49 所示。

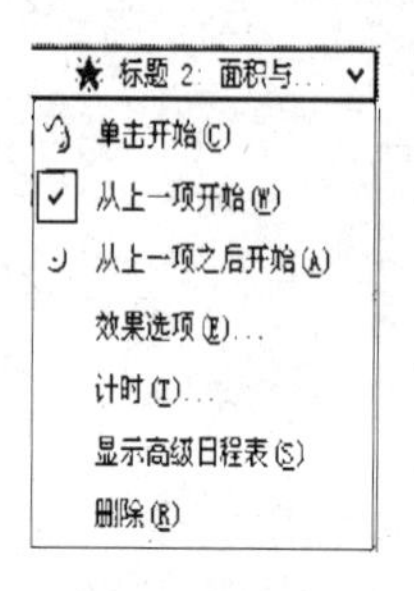

图 4.49 效果下拉列表

该列表的前 3 项对应任务窗口里的“开始”下拉列表中的 3 项。如果执行“效果选项”命令，则会出现如图 4.50 所示的“擦除”对话框。在该对话框中可以对动画效果进行详细设置，包括：动画播放的顺序、伴随的声音、播放后的效果等。

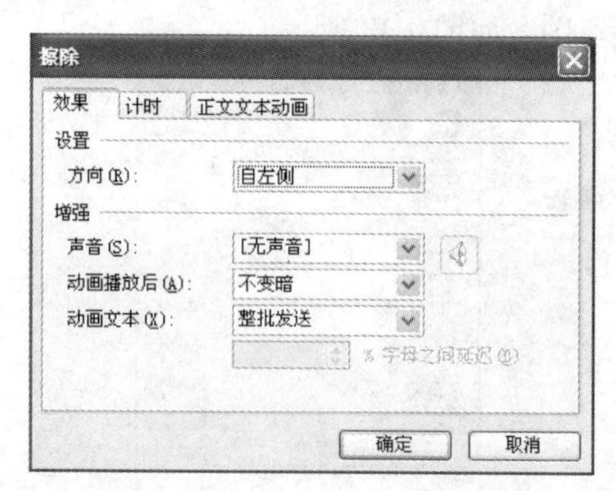

图 4.50 “擦除”对话框

③ 修改和删除。

已经创建的动画效果既可以修改，也可以删除。方法是：单击要修改或删除的对象，此时原来的“添加效果”按钮变为“更改”按钮，但使用方法相同。另外，“删除”按钮也启用。

④ 预定义动画的应用。

PowerPoint 2003 除了提供自定义动画功能外，还提供了多种动画方案供用户选择，这些预定义的动画可以使整个演示文稿具有一致的风格，同时每张幻灯片又具有互不相同的动画效果。

执行“幻灯片放映”→“动画方案”菜单命令，在出现的“幻灯片设计”窗口中选取“动画方案”选项，在弹出的列表中列出了系统提供的预定义动画方案。然后根据要求进行选择。

（5）设置超链接。

① 动作按钮。

超链接的对象除了文本之外，也可以是图片、表格、图表等。此外，除了插入超链接外，也可以用动作按钮来实现链接。

执行“幻灯片放映”→“动作按钮”菜单命令，这时可以看到 12 种按钮，如图 4.51 所示。按钮上的图形都是常用的符号，比如：◁表示上一张、▷表示下一张等。

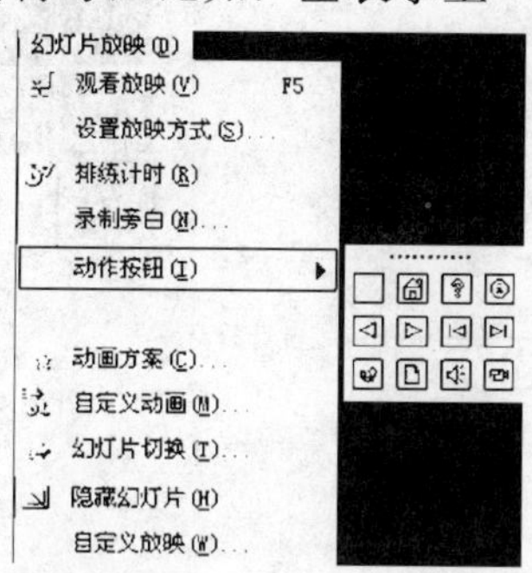

图 4.51 执行“动作按钮”命令

选择一个按钮，将光标移动到幻灯片窗口，光标变成“十”字形状，拖动鼠标、画出按钮。最后释放鼠标，此时弹出“动作设置”对话框，如图 4.52 所示。

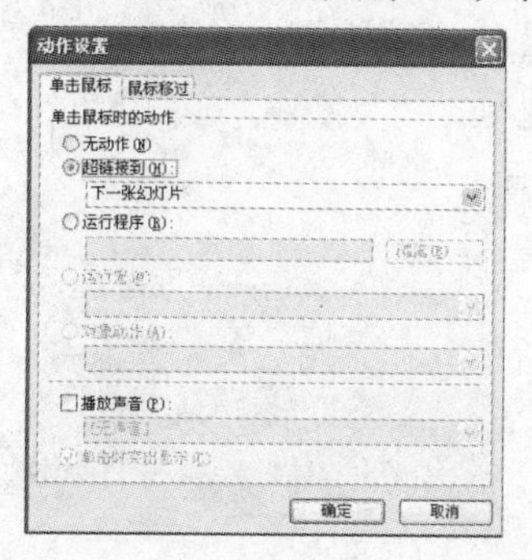

图 4.52 “动作设置”对话框

通过“单击鼠标”和“鼠标移过”两个选项卡，可以分别设置链接的触发方式。在“超链接到”列表中给出了建议的超链接，也可以自己定义链接，最后单击 确定 按钮，完成动作按钮的设置。

② 超链接既可以链接“本文档中的位置”，也可以链接网页、文件及电子邮箱。

③ 已设置的超链接既可以修改，也可以删除。方法是：选中超链接文字，单击鼠标右键，在弹出的快捷菜单中执行“编辑超链接”或“删除超链接”等命令。

（6）幻灯片的配色方案。

- 配色方案是一组预先设置好的颜色，每组都有 8 种基本颜色，它们的作用有所不同。
- 打开“幻灯片设计”任务窗口，选择“配色方案”选项。在“应用配色方案”列表中列出了各种标准配色方案。可以直接选择一种方案应用，也可以自定义方案。
- 单击“编辑配色方案”选项，打开“编辑配色方案”对话框，该对话框共有两个选项卡，“标准”选项卡主要提供了几种 PowerPoint 默认的标准配色方案，可以删除，如图 4.53 所示“自定义”选项卡，列出了 8 个基本对象及各自的颜色，在该选项卡下可以重新修改各对象的颜色，并添加为标准配色方案，如图 4.54 所示。

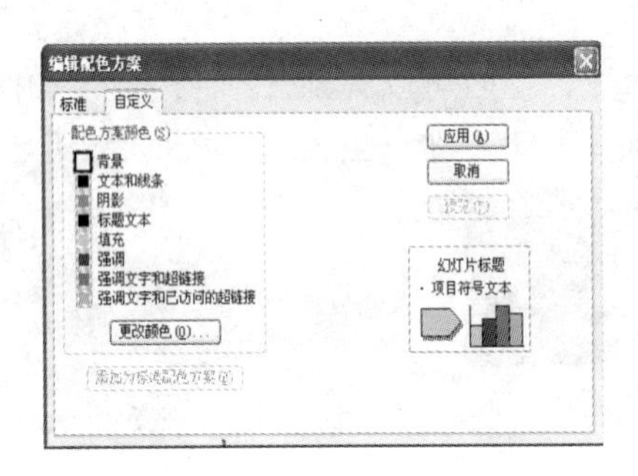

图 4.53　“标准”选项卡

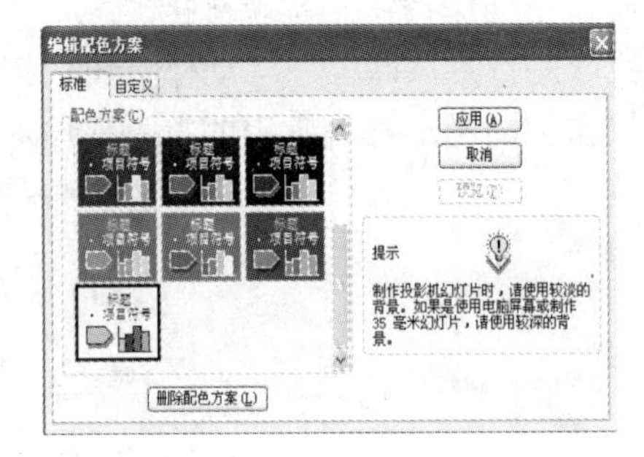

图 4.54　“自定义”选项卡

7. 拓展训练项目

仿照此项目，制作一套以“电子贺卡”为主题的 PowerPoint 演示文稿，文件名为“我的贺卡.ppt”。

要求：

（1）自己收集与主题相关的素材；

（2）设置幻灯片的切换效果及动画效果；

（3）为幻灯片添加简短的视频；

（4）至少包含一个 Flash 动画；

（5）至少包含一个超链接。

第5章　IE 6.0浏览器与Outlook 2003收发邮件

项目1　信息搜索与邮件收发

1. 能力目标

（1）运用搜索引擎查找信息，按要求保存信息；

（2）能熟练使用电子邮件进行信息交流。

2. 知识目标

（1）掌握使用Internet Explorer 浏览网页；

（2）掌握保存网页及网页上图片、文字的方法；

（3）掌握使用搜索引擎搜索信息的方法；

（4）掌握收藏夹的使用；

（5）了解Internet Explorer的选项设置；

（6）掌握通过WWW界面申请免费邮箱的方法；

（7）掌握使用Office Outlook 2003收发电子邮件的方法。

3. 项目描述

项目任务：小王要设计一套展板，展板的内容主要是反映2008年北京奥运会上中国获取的所有奖牌及排名，展板上需要展示部分比赛的精彩图片，小王收集完资料后，要通过邮件将资料发送给公司经理。

子项目1：网上相关信息的浏览、查找及保存。

子项目2：相关网页的保存。

子项目3：相关网站的收藏。

子项目4：申请免费邮箱并发送邮件。

子项目5：利用Office Outlook 2003发送邮件。

4. 解决方案

子项目1要在IE浏览器中进行。首先要通过搜索引擎搜索和浏览信息，然后保存网页上相关的文字和图片。保存文字时，可以把文字复制到Word文档中，保存图片时有.jpg和.bmp两种格式供选择。

子项目2通过“文件”菜单中的保存命令来完成。保存网页时，要注意保存的格式。

子项目3可通过“收藏”菜单中的“添加到收藏夹”命令来完成。

子项目4首先要申请一个免费的邮箱。申请邮箱时要按照网站的要求填写个人信息资料，发送邮件时要准确填写收件人的邮箱地址。

子项目5首先要在自己的计算机上创建Internet邮件账户，然后才能进行邮件的收发。

5. 实现步骤

（1）子项目1：网上相关信息的浏览、查找及保存。

步骤 1：双击桌面图标，启动 Internet Explorer。在浏览器地址栏中输入 http://www.baidu.com/网址，按回车键就可打开百度搜索引擎界面，如图 5.1 所示。

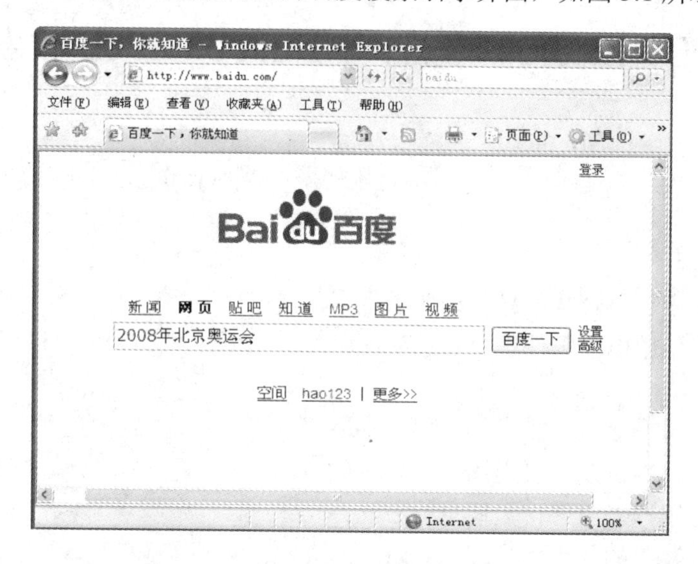

图 5.1　百度搜索引擎界面

步骤 2：在搜索文本框中输入相应的关键字“2008 年北京奥运会”，单击“百度一下”按钮。搜索结束后，搜索结果的部分内容显示在浏览器窗口中，如图 5.2 所示，找到相关网页约 11200000 篇。

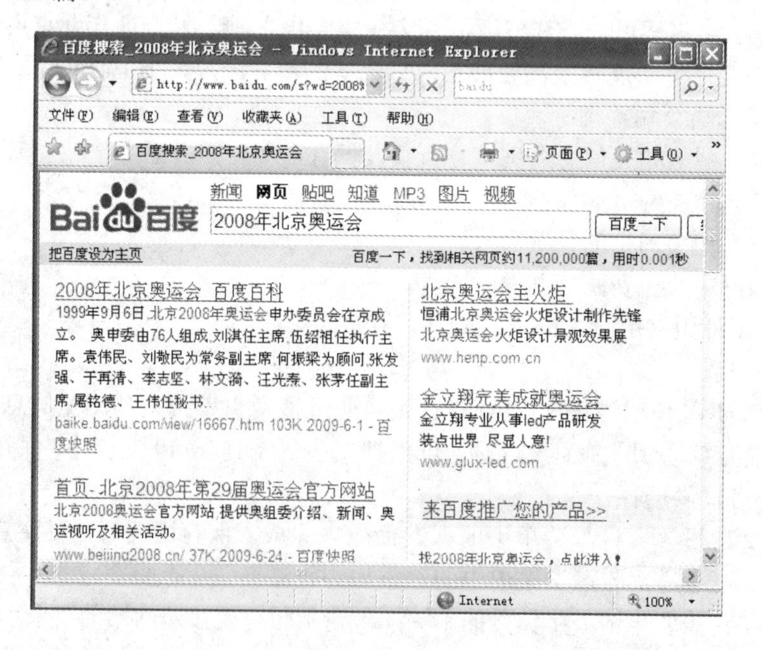

图 5.2　搜索结果 1

步骤 3：在如图 5.2 所示的搜索文本框中重新输入关键字“奖牌榜”，单击“结果中找”按钮，观察搜索结果，如图 5.3 所示。查询结果变为 278000 项。

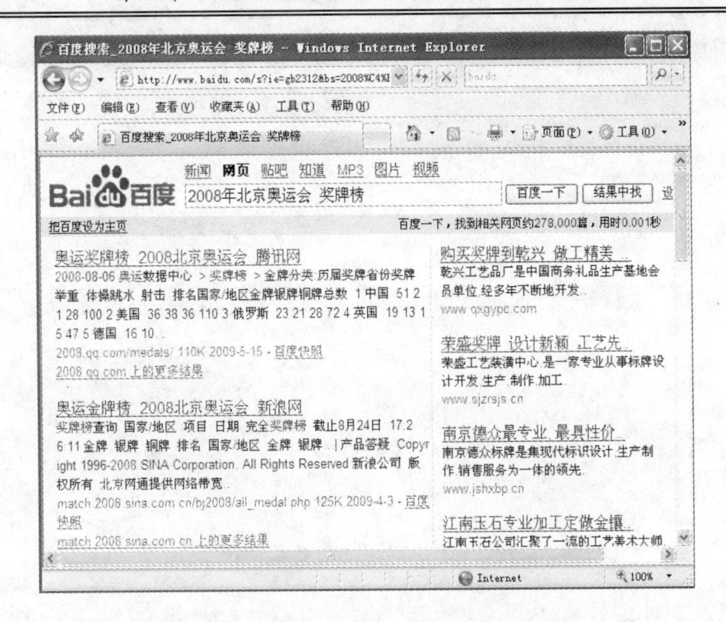

图 5.3　在搜索结果内再搜索

步骤 4：查看具体结果页面，浏览网页。例如：打开“第 1 个搜索页面的名为‘总奖牌榜 - 第29届奥林匹克运动会网站’的超链接”，如图 5.4 所示。

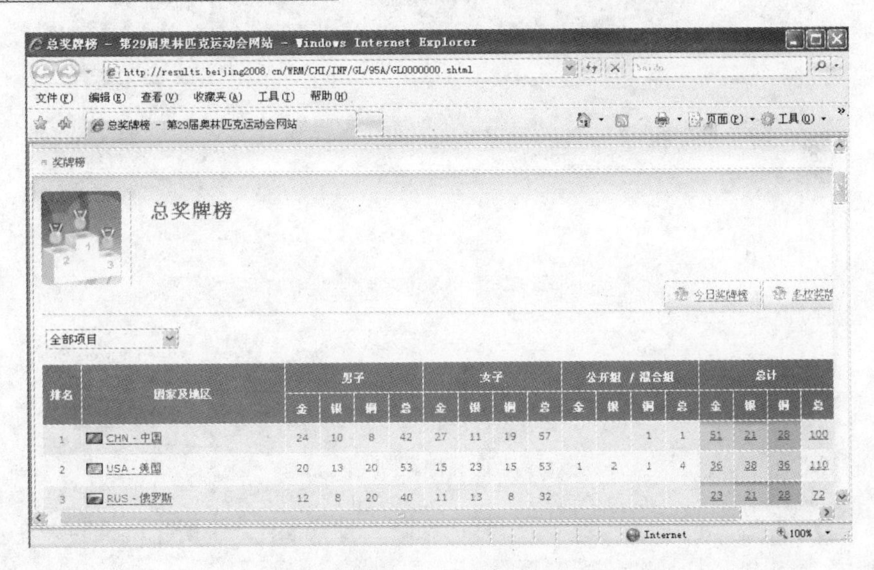

图 5.4　总奖牌榜-第 29 届奥林匹克运动会网站

步骤 5：在如图 5.4 所示的页面中单击“CHN - 中国”超链接，打开相应的网站或网页，如图 5.5 所示。

步骤 6：用鼠标拖动的方法将页面上的相关内容选定，执行“编辑”→“复制”菜单命令，或者使用鼠标右键单击选中的文字，在打开的快捷菜单中执行“复制”命令。

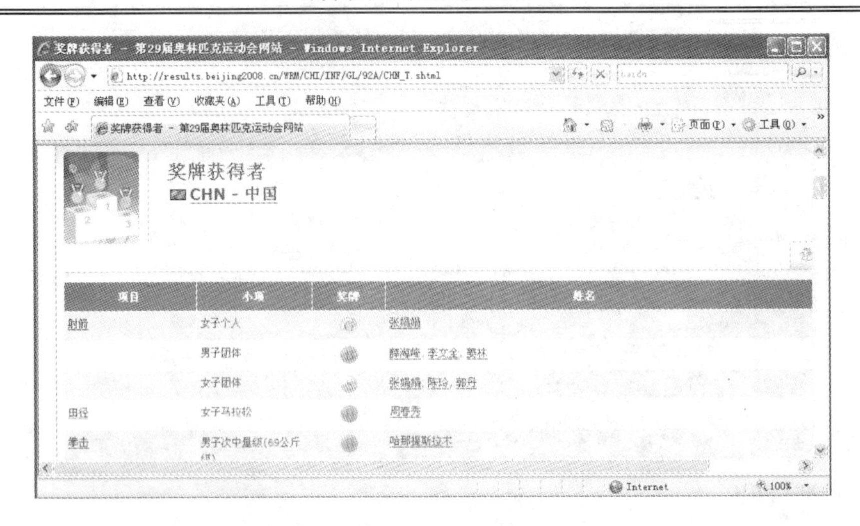

图 5.5　中国运动员获奖情况

步骤 7：运行字处理软件 Word，执行“编辑”→“选择性粘贴”菜单命令，打开“选择性粘贴”对话框，如图 5.6 所示，选择“无格式文本”，单击 确定 按钮，即将选定内容以无格式文本的形式复制下来，最后保存 Word 文档即可。

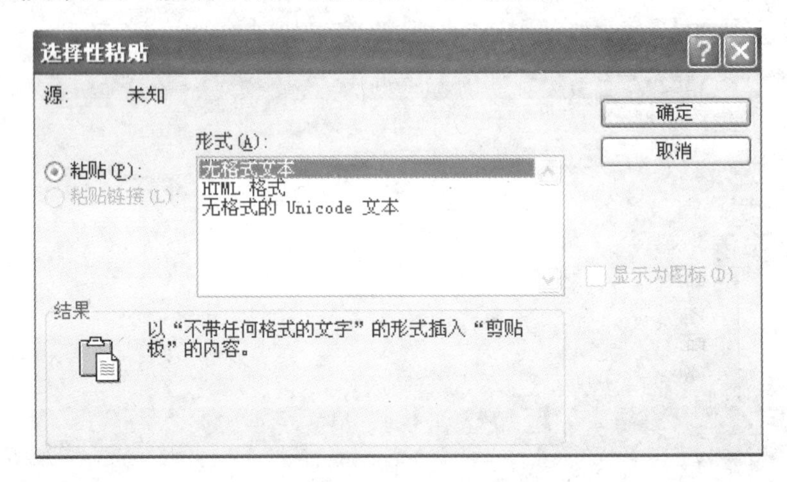

图 5.6　“选择性粘贴”对话框

步骤 8：单击图 5.5 中的“ 首　页 ”按钮，打开如图 5.7 所示的网页，在左侧单击“ 图片库 ”超链接，打开图片库网页。

步骤 9：选择自己需要的图片，单击图片打开相关链接。使用鼠标右键单击图片，在弹出的快捷菜单中执行“图片另存为”命令，如图 5.8 所示。在“保存图片”对话框中设置保存信息。

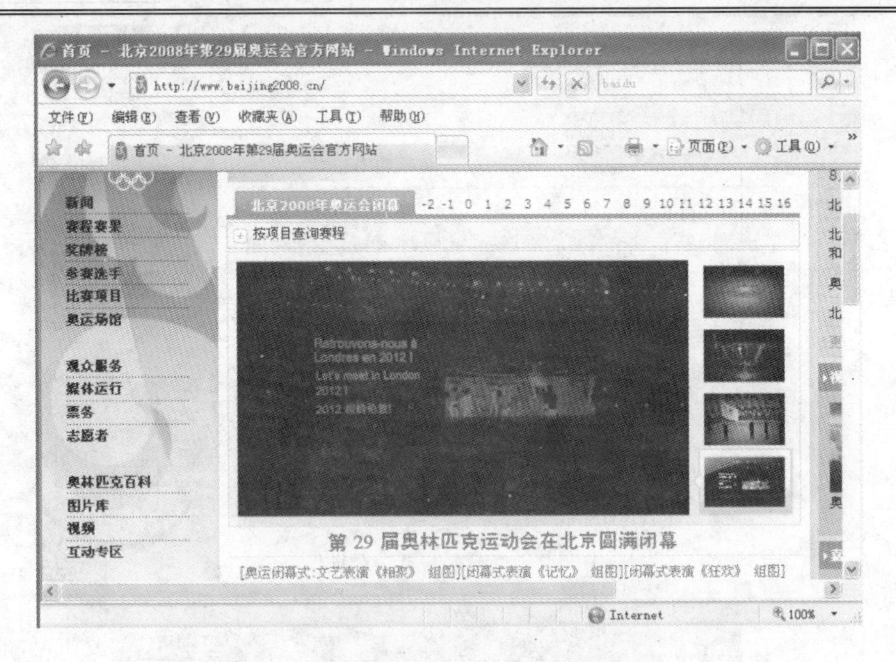

图 5.7　第 29 届奥林匹克运动会网站首页

图 5.8　“保存图片”对话框

步骤 10：使用同样的方法保存其他需要的图片。

（2）子项目 2：相关网页的保存。

步骤 1：单击当前网页左侧的“**首页**”超链接，返回网站首页。执行“文件”→“另存为”菜单命令，打开“保存网页”对话框，设置保存要求，如图 5.9 所示。

步骤 2：单击“保存”按钮，出现“保存网页”消息框，如图 5.10 所示，待保存进度条提示 100%时，消息框自动关闭。此时，查看桌面上多了一个文件和一个文件夹，文件夹中保存了网页文件中所用到的图片、动画等多媒体素材。

图 5.9　“保存网页”对话框

图 5.10　“保存网页”消息框

（3）子项目 3：相关网站的收藏。

将该网站的首页添加到收藏夹。

步骤：执行“收藏夹”→“添加到收藏夹”菜单命令，打开“添加收藏”对话框，如图 5.11 所示。设置名称为“2008 年奥运会官方网站”，单击 确定 按钮。

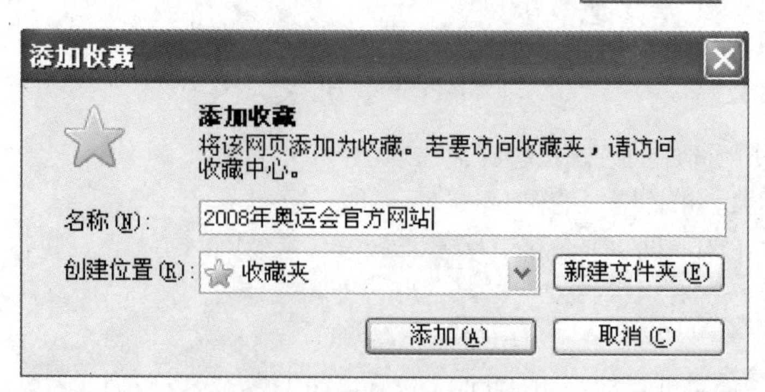

图 5.11　“添加收藏”对话框

（4）子项目 4：申请免费邮箱并发送邮件。

在 126 网上申请一个免费邮箱。

步骤 1：打开 IE 浏览器，在地址栏中输入 http://mail.126.com/ ，打开如图 5.12 所示的网页。

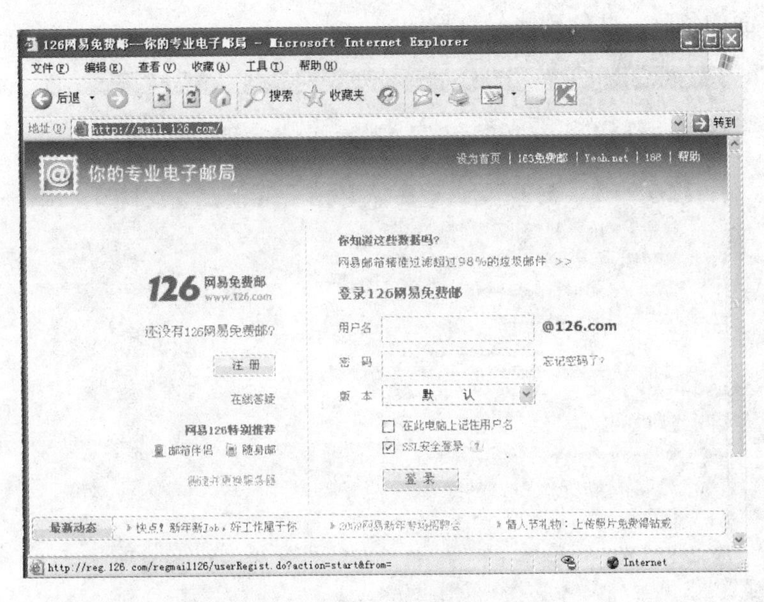

图 5.12　注册 126 免费邮箱 1

步骤 2：单击“注册”按钮，打开如图 5.13 所示的网页。输入“用户名”，例如“jiangsu2009”；输入“出生日期”，例如“1970 年 1 月 1 日”。

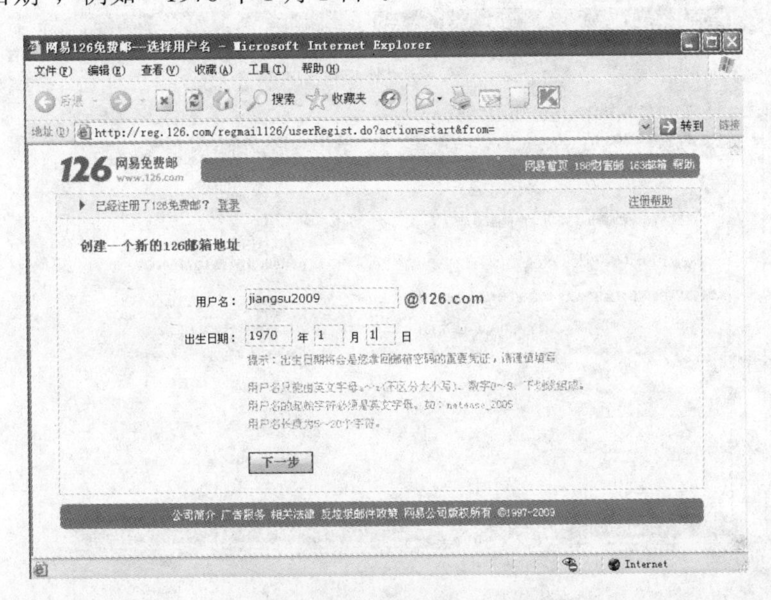

图 5.13　注册 126 免费邮箱 2

步骤 3：单击“下一步”按钮，如果输入的邮箱名已经被别人使用，或者输入不符合要求，会重新出现如图 5.13 所示的注册页面，直到输入信息无误后即出现如图 5.14 所示的用户信息页面。

输入密码，密码必须输入两次；按要求填写个人资料；最后输入“注册确认信息”，单击“我接受下面的条款，并创建账号”按钮。

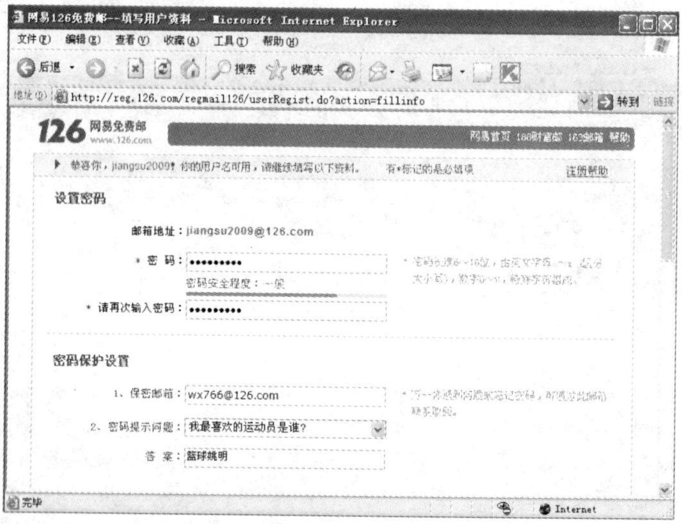

图 5.14　注册 126 免费邮箱 3

步骤 4：注册成功，如图 5.15 所示。

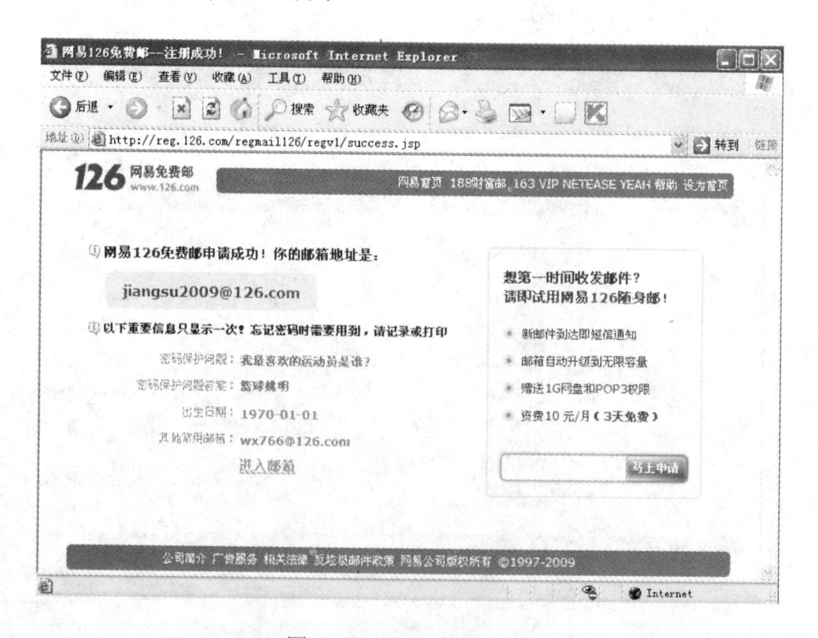

图 5.15　注册成功页面

步骤 5：单击图 5.15 中的“进入邮箱”链接，登录到邮箱主页，如图 5.16 所示。

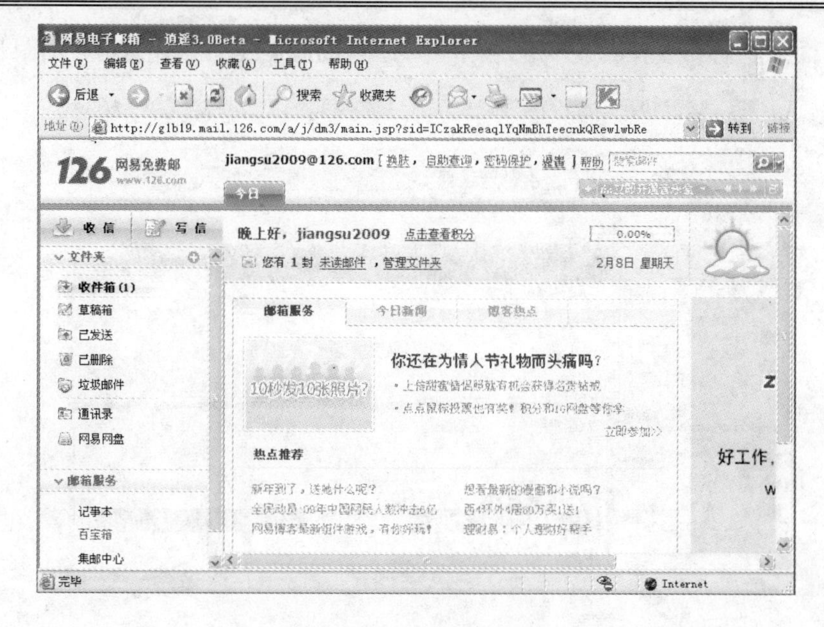

图 5.16　126 免费邮箱主页

步骤 6：单击“写信”按钮，即可用新邮箱发送电子邮件了。在“收件人”文本框中输入对方电子邮件地址，例如 sy3643@sina.com；输入“主题”，例如“问候！”；在正文文本框中输入邮件内容。完成后单击“发送”按钮，即可将邮件发送出去，如图 5.17 所示。

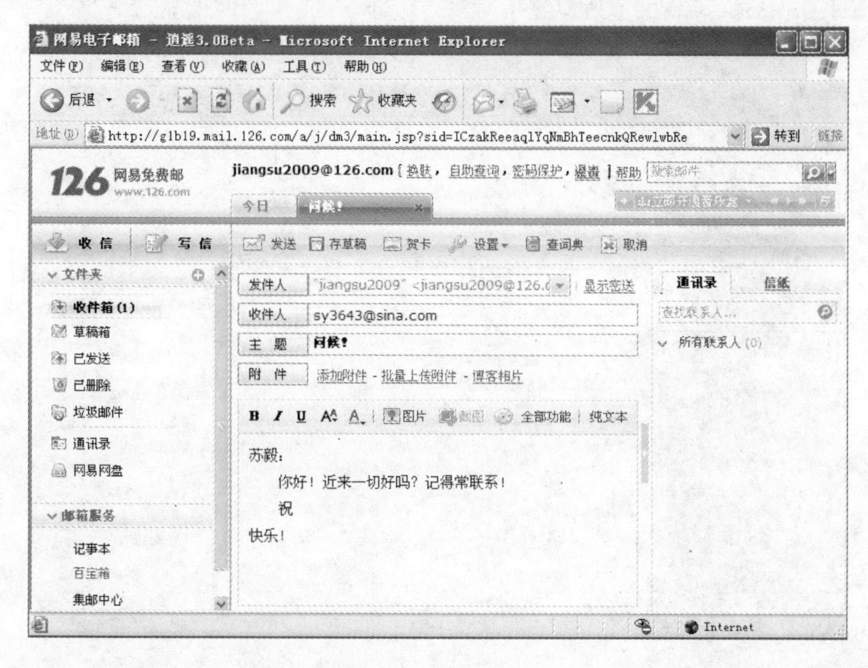

图 5.17　发送邮件

（5）子项目 5：利用 Office Outlook 2003 发送邮件。

步骤 1：启动 Outlook 2003。

双击桌面图标，或者从“开始”菜单中打开 Outlook 2003 应用程序，如图 5.18 所示。

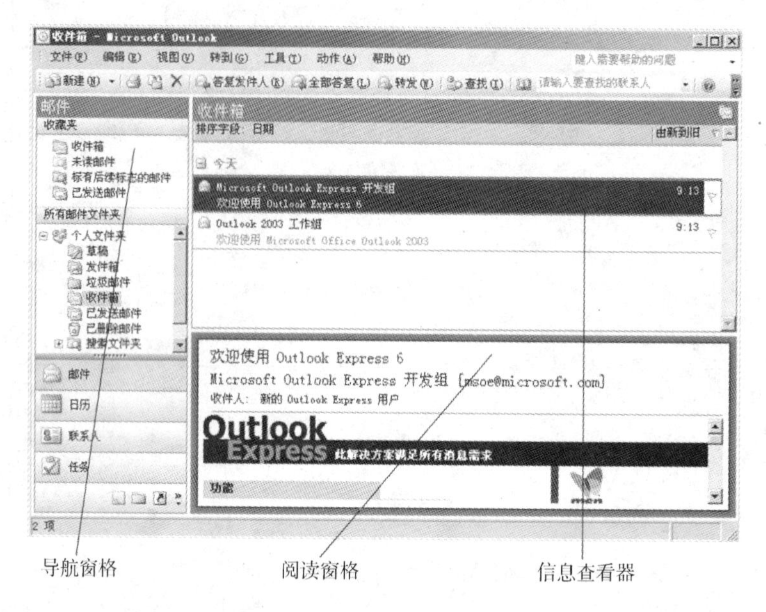

图 5.18　Outlook 2003 界面

步骤 2：添加 Internet 邮件账户。

① 执行“工具”→“电子邮件账户”菜单命令，打开“电子邮件账户”对话框，如图 5.19 所示。

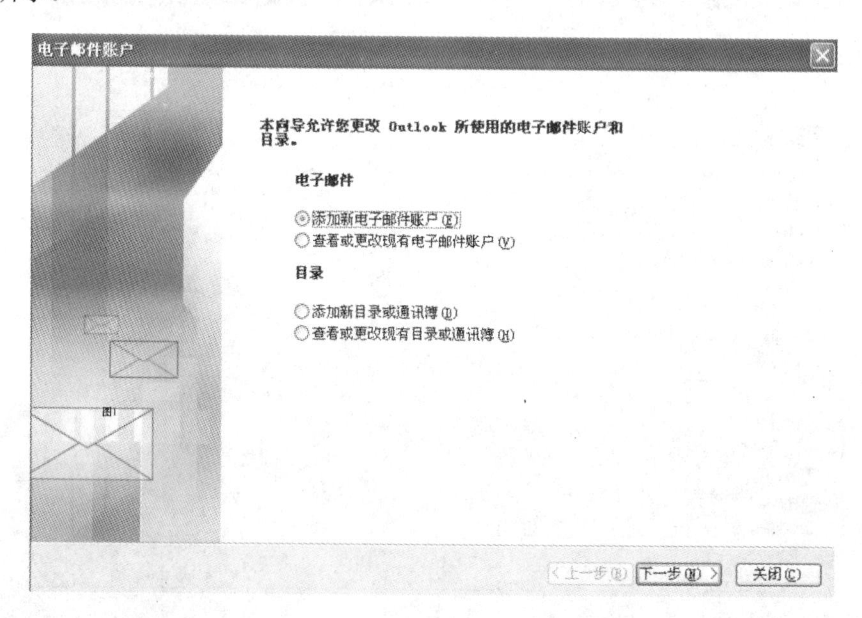

图 5.19　“电子邮件账户”对话框

② 在对话框中选择“添加新电子邮件账户”单选按钮，单击“下一步”按钮，出现如图 5.20 所示的对话框。

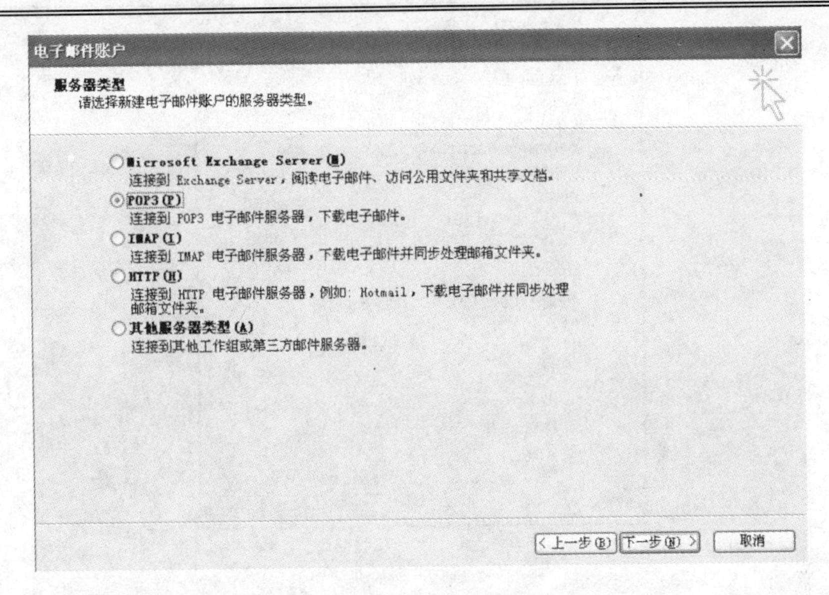

图 5.20　选择服务器类型

③ 在对话框中可以选择电子邮件服务器的类型，应根据自己网络连接服务器的类型进行选择。此处选择“POP3”单选按钮，单击“下一步”按钮，出现如图 5.21 所示的对话框。

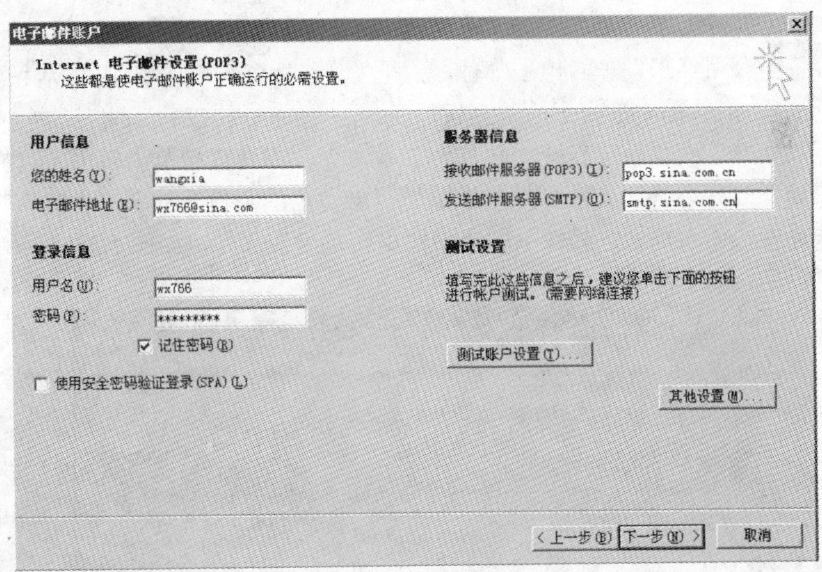

图 5.21　电子邮件设置

④ 在对话框中输入必要的账户信息和服务器信息，为了能够保证设置的正确性，可以单击“测试账户设置”按钮进行账户测试。如果出现错误，系统会在测试过程中给出提示。

⑤ 单击“其他设置”按钮进入如图 5.22 所示的对话框。在“发送服务器”选项卡下，选中“我的发送服务器（SMTP）要求验证”复选框，再选中“使用与接收邮件服务器相同的设置”单选按钮。最后单击 确定 按钮。

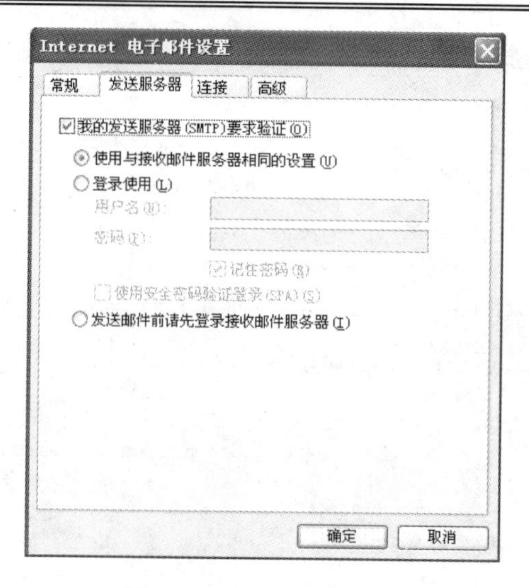

图 5.22　设置发送服务器

⑥ 单击“下一步”按钮，在打开的对话框中单击“完成”按钮，账户创建成功。至此，邮件的收发就可由 Outlook 完成了。

注意：不同网站中申请邮箱的设置项略有不同，具体的设置方法可以在相应的网站服务中心找到说明。

步骤 3：创建新邮件。

小王准备给公司经理发一封电子邮件，主题为“展板资料”，信件内容为“展板资料见附件，请查收！”附件是小王收集的所有资料。

①执行“文件”→“新建”→“邮件”菜单命令，或者直接单击常用工具栏上的“新建”快捷图标，此时系统就会打开一个标题为“未命名的邮件”的新邮件编辑窗口。

②依次设置收件人地址、邮件主题、邮件正文及附加文件，如图 5.23 所示，单击“发送”按钮。

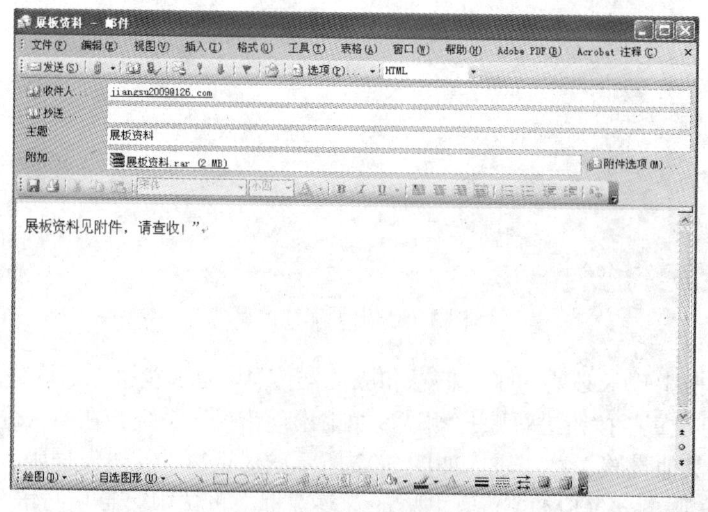

图 5.23　邮件编辑窗口

6. 归纳说明

（1）网上信息搜索与保存。

① 什么是搜索引擎？常用的搜索引擎有哪些？

简单地说，搜索引擎是一个为用户提供信息“检索”服务的网站，它使用某些程序把因特网上的所有信息归类以帮助人们在网络中搜寻到所需要的信息。常用的搜索引擎有：百度、Google、雅虎、搜狗、网易搜索等。

② 搜索关键词的书写格式。

在搜索文本框中，可将多次检索归并为一次检索，如本项目中的搜索关键词也可以这样输入：“2008 年北京奥运会 & 奖牌榜”。

（2）网页的保存。

在保存网页时，除“网页，全部（*.htm;*.html）”的格式外，还有其他保存类型可以选择，如图 5.24 所示，当选择其他类型时，保存之后仅有一个文件。

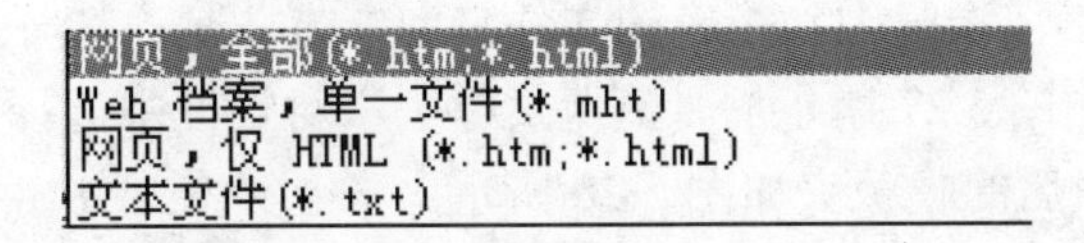

图 5.24　网页的保存类型

（3）收藏夹的使用。

在浏览网页时若遇到喜欢的网站，可以通过添加到收藏夹把网址收藏起来，这样能够避免重复寻找，提高了工作效率。

步骤 1：当收藏的站点较多时，可以通过“收藏”→“整理收藏夹”菜单命令来管理站点，如图 5.25 所示。

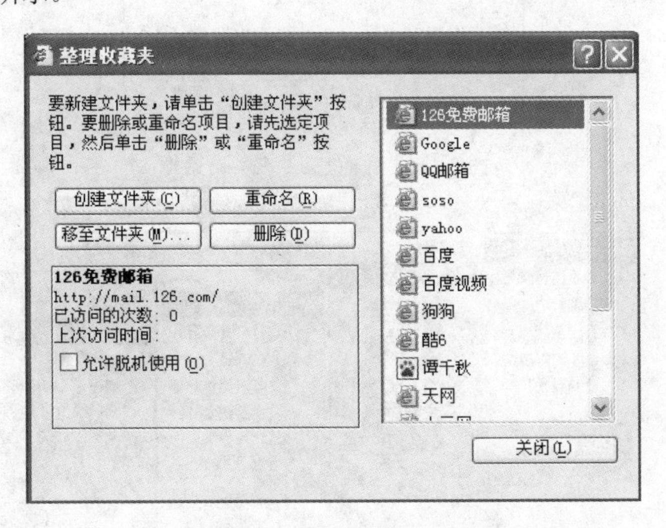

图 5.25　“整理收藏夹”对话框

步骤 2：单击“创建文件夹”按钮，创建 4 个文件夹，名称分别为“视频”、“搜索”、“邮箱”和“学习”，如图 5.26 所示。

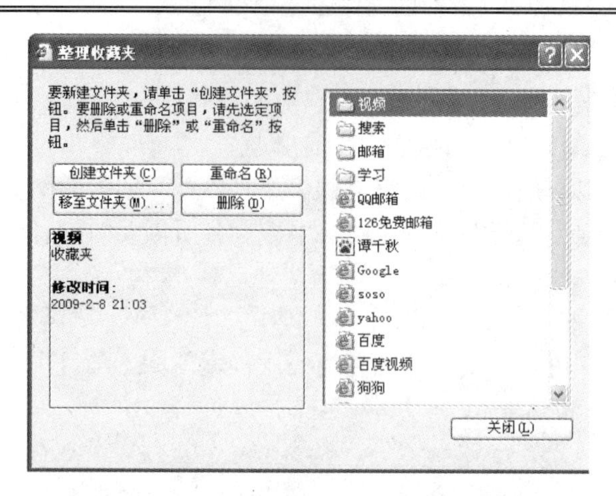

图 5.26　在“整理收藏夹”对话框中创建文件夹

步骤 3：将各站点依次归类到相应的文件夹中。方法是：选择某站点图标，单击“移至文件夹”按钮，在如图 5.27 所示的“浏览文件夹”对话框中选择目标文件夹，最后单击 确定 按钮，整理后的收藏夹如图 5.28 所示。

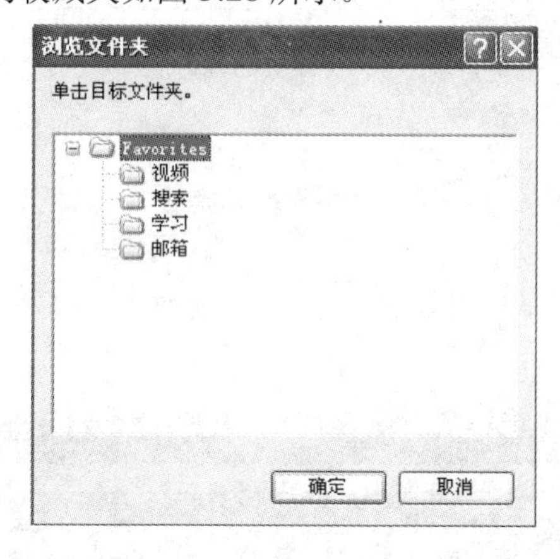

图 5.27　“浏览文件夹”对话框

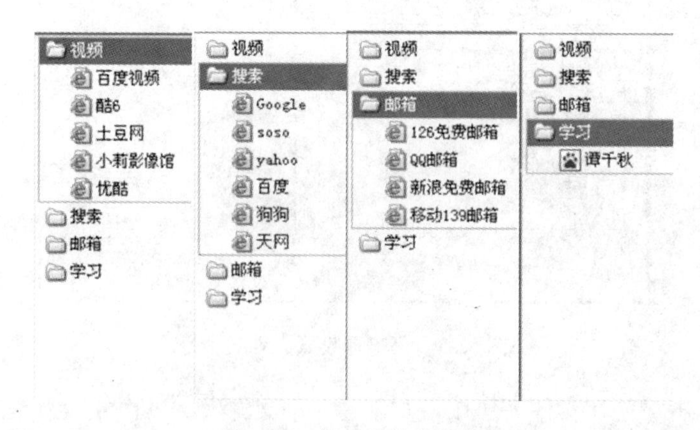

图 5.28　整理后的收藏夹

（4）IE 选项设置。

步骤 1：设置浏览器的主页。

执行“工具”→“Internet 选项”菜单命令，打开如图 5.29 所示的“Internet 选项”对话框。选择“常规”选项卡，单击“使用当前页”按钮，这时“地址”栏变成当前页的地址 http://www.baidu.com/，单击 确定 按钮，即可将浏览器主页设置为当前页。

步骤 2：删除 Internet 临时文件，清除历史记录。

“Internet 临时文件”用于在硬盘上设置文件夹，以便将最近访问过的网页、图片、声音等文件存入文件夹，这样，以后访问同一网页可以从该文件夹中直接获取，提高了浏览速度。

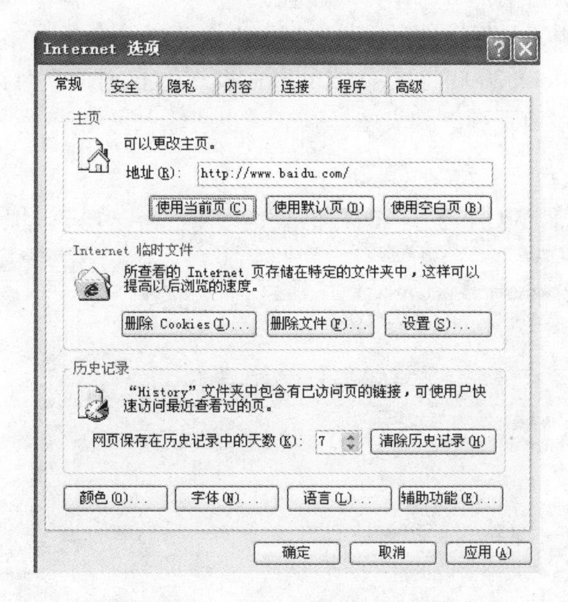

图 5.29　“Internet 选项”对话框

“历史记录”可以保存最近几天访问过的网页地址信息。但过多的临时文件和过久的历史记录会消耗大量的磁盘空间，必须定期进行清理。

在“Internet 选项”对话框中，选择“常规”选项卡，单击“删除文件”按钮和“清除历史记录”按钮，然后单击 确定 按钮即可删除临时文件和历史记录。

（5）使用 Outlook 2003 收发电子邮件。

① 什么叫附件？怎样添加附件？

用户除了可以在邮件编辑器中撰写邮件内容外，还可以将计算机中的文件作为附件插入到编辑的邮件中，随邮件一起发送，使用这个功能可以非常方便地与他人交流信息。

常用的添加附件的方法有两种：执行“插入”→“文件”菜单命令或单击工具栏上的 图标。

附件只能是文件，当附件是文件夹时，要先把文件夹压缩为文件，然后整体添加为附件。

② 如果要同时给多个人发送邮件，可以将多个人的邮件地址同时添加在收件人一栏

中，各收件人地址之间用英文的“,”分隔。

③ 区别抄送与密送。

抄送邮件时，收件人能看到你这封邮件抄送的名单，但看不到密送的名单。而通过密送收到邮件的人却可以看到这封邮件的收件人与抄送的名单。

④ 接收邮件。

Outlook 2003 允许用户进行手动检查是否收到新邮件，检查新邮件时，Outlook 将对指定邮件账户进行检查，同时把用户留在发件箱中的邮件发送出去。手动接收电子邮件的方法如下。

步骤 1：在导航窗格中单击“邮件”按钮。

步骤 2：单击常用工具栏上的 发送/接收(C) 按钮。

步骤 3：此时 Outlook 2003 将显示“Outlook 发送/接收进度”对话框，如图 5.30 所示。如果用户的账户密码没有保存在列表中，则会弹出“输入网络密码”对话框，要求用户输入密码，如图 5.31 所示。

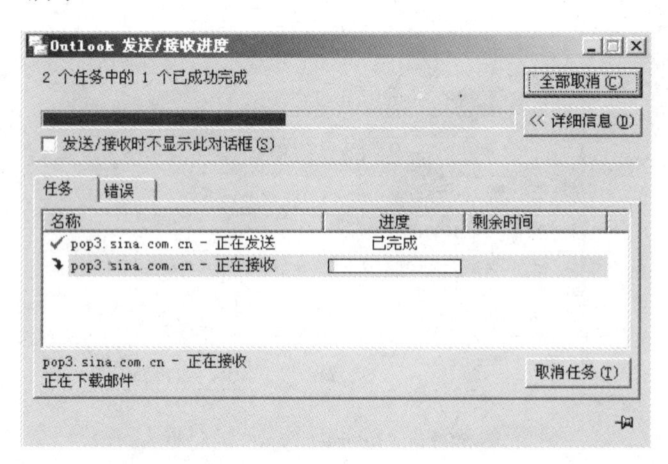

图 5.30　“Outlook 发送/接收进度”对话框

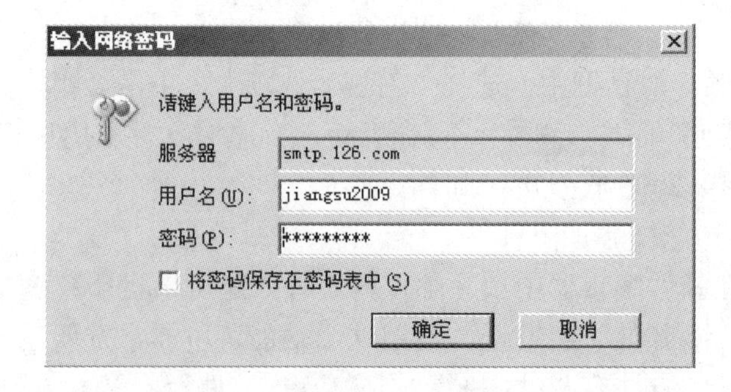

图 5.31　“输入网络密码”对话框

步骤 4：接收邮件的操作完成后，接收到的新邮件将出现在收件箱的邮件列表中并以加粗字体显示，同时在“收件箱”图标右边出现相应的数字，提醒用户收件箱中未阅读邮件的数量，如图 5.32 所示。

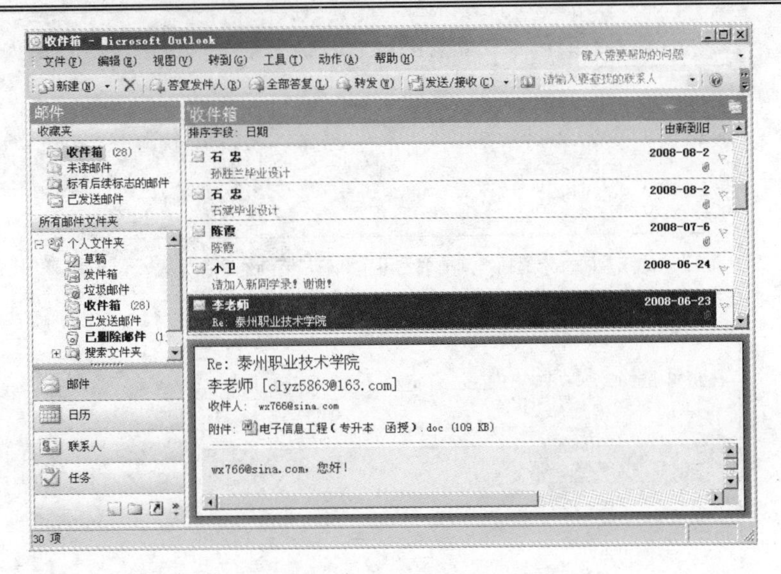

图 5.32　收到新邮件

⑤ 阅读邮件并下载附件。

通常情况，用户收到的电子邮件会一直保存在收件箱中。通过收件箱，可以查看邮件，并且可以了解邮件的重要性。默认情况下，没有阅读过的邮件以黑体字显示，并且在该邮件的前面以✉符号标示，在邮件的前面以 标示的邮件表示已被阅读，带有 标示的邮件说明该邮件带有标记，带有 标示的邮件说明该邮件带有附件，如图 5.33 所示。

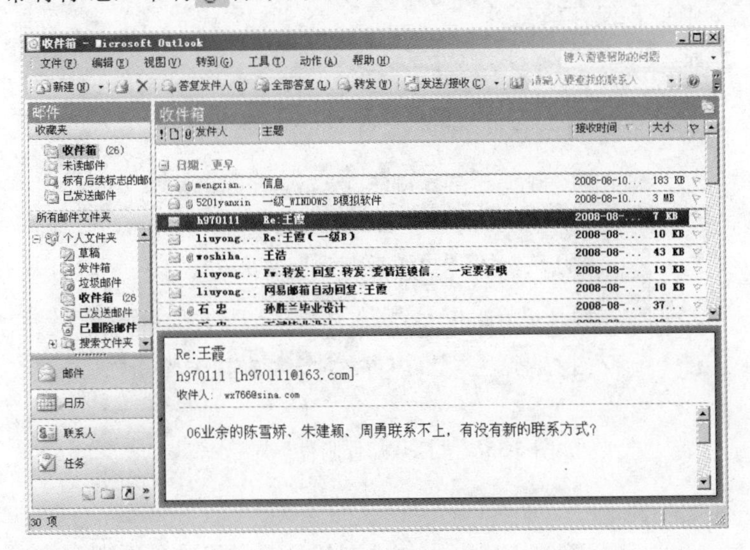

图 5.33　浏览邮件

步骤 1：在邮件列表中单击需要阅读的邮件，则在阅读窗口中会显示该邮件的内容，如图 5.33 所示。或者使用鼠标右键单击需要阅读的邮件，在弹出的快捷菜单中执行“打开”命令，这样邮件就会在编辑器窗口中被打开，如图 5.34 所示。

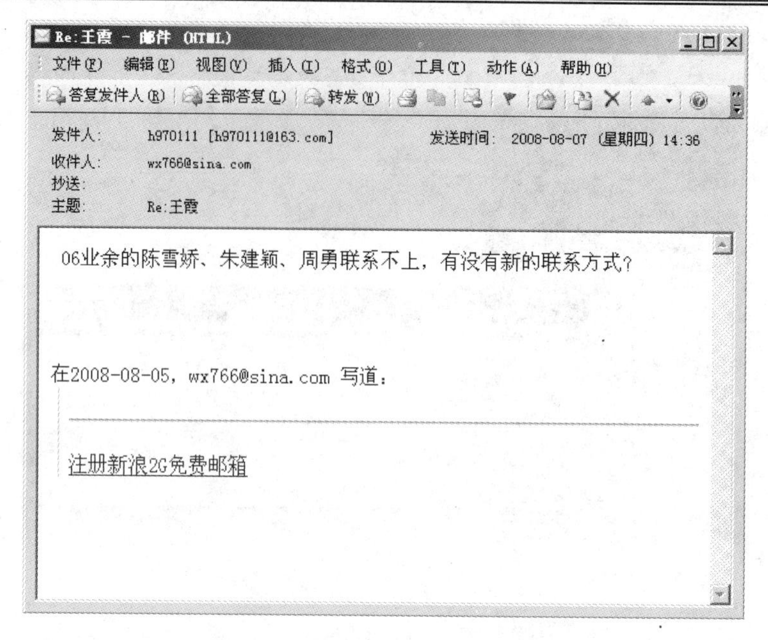

图 5.34 在“邮件编辑器”窗口中阅读邮件

步骤 2：查看邮件的所有信息内容，如果带有附件，则双击附件图标，弹出“打开邮件附件”对话框，如图 5.35 所示，单击“打开”按钮即可将文件打开。如果附件是压缩文件，最好把它保存到磁盘上，再进行解压缩打开文件，此时单击“保存”按钮，在出现的“另存为”对话框中设置保存信息。

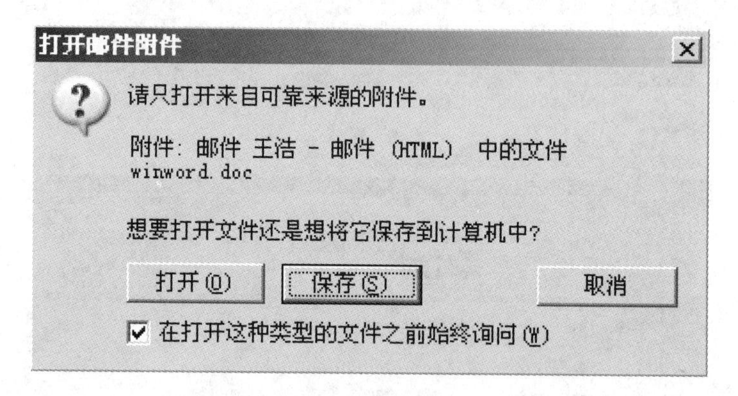

图 5.35 “打开邮件附件”对话框

⑥ 答复、转发邮件。

阅读邮件后，可以进行答复或转发操作。在答复或转发邮件时用户可以在收件箱中进行操作，也可以在打开的邮件编辑器中进行操作。

步骤 1：选择要答复或转发的邮件，单击“常用”工具栏上的“答复发件人”或“转发”按钮，或者执行“动作”→“答复发件人”/“转发”菜单命令。

步骤 2：执行上述操作后，打开标题为“答复：××-邮件”或者“转发：××-邮件”的邮件编辑器对话框，如图 5.36 和图 5.37 所示。

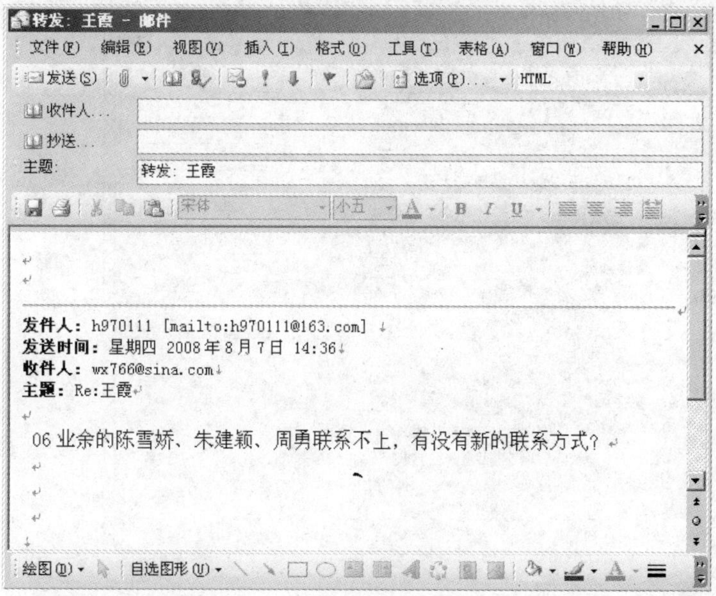

转发：王霞 － 邮件

文件(F)　编辑(E)　视图(V)　插入(I)　格式(O)　工具(T)　表格(A)　窗口(W)　帮助(H)

发送(S)　选项(P)...　HTML

收件人...

抄送...

主题：　转发：王霞

宋体　小五

发件人： h970111 [mailto:h970111@163.com]

发送时间： 星期四 2008 年 8 月 7 日 14:36

收件人： wx766@sina.com

主题： Re:王霞

06 业余的陈雪娇、朱建颖、周勇联系不上，有没有新的联系方式？

绘图(D)　自选图形(U)

图 5.36　转发邮件

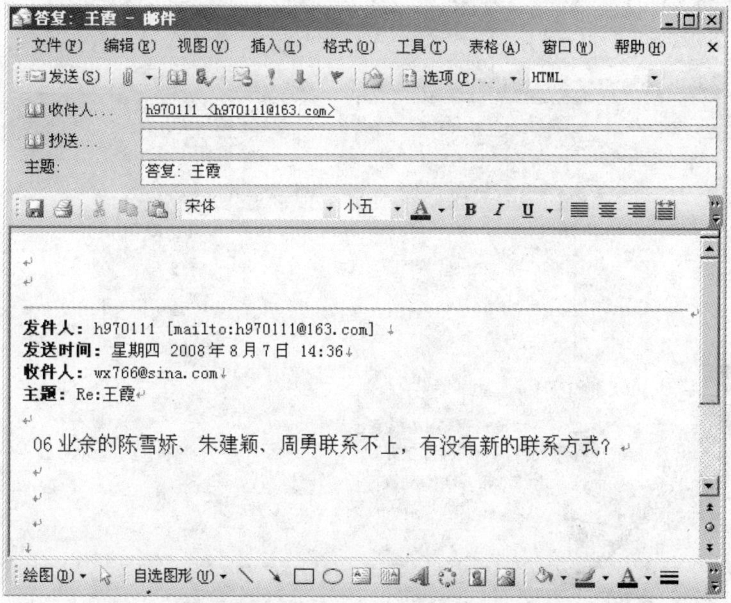

答复：王霞 － 邮件

文件(F)　编辑(E)　视图(V)　插入(I)　格式(O)　工具(T)　表格(A)　窗口(W)　帮助(H)

发送(S)　选项(P)...　HTML

收件人...　h970111 <h970111@163.com>

抄送...

主题：　答复：王霞

宋体　小五

发件人： h970111 [mailto:h970111@163.com]

发送时间： 星期四 2008 年 8 月 7 日 14:36

收件人： wx766@sina.com

主题： Re:王霞

06 业余的陈雪娇、朱建颖、周勇联系不上，有没有新的联系方式？

绘图(D)　自选图形(U)

图 5.37　答复邮件

步骤 3：用户可以在转发邮件编辑器的收件人文本框中输入收件人的地址，还可以在邮件原件上添加内容，或者修改原件。在答复邮件编辑器中只需在编辑区中输入要表达的信息即可。

⑦ 设置自动接收邮件。

步骤 1：执行“工具”→“选项”菜单命令，打开“选项”对话框，选择“邮件设置”选项卡，如图 5.38 所示。

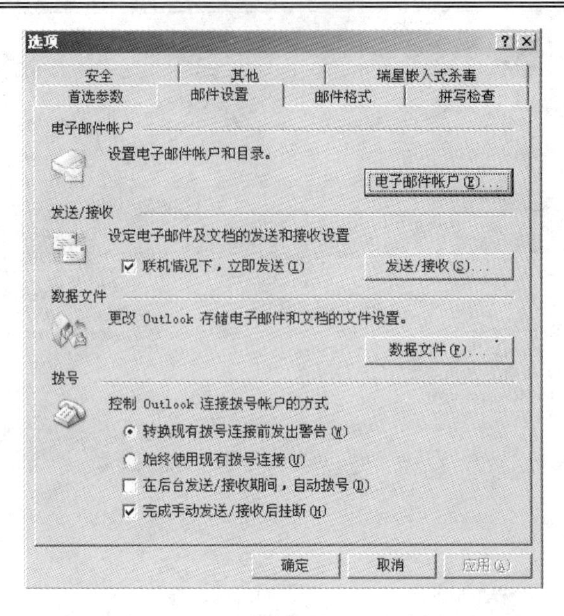

图 5.38　“邮件设置”选项卡

步骤 2：在对话框中单击“发送/接收”按钮，打开“发送/接收组”对话框，如图 5.39 所示。

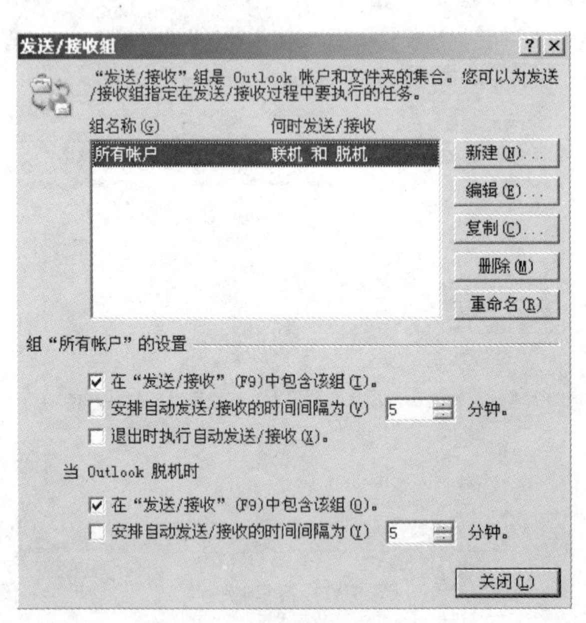

图 5.39　“发送/接收组”对话框

步骤 3：在“所有账户”的设置中，选中“安排自动发送/接收的时间间隔为”复选框，并在后面的文本框中设置时间间隔。如果要使 Outlook 退出时自动发送/接收电子邮件，请选中“退出时执行自动发送/接收”复选框。

步骤 4：单击“关闭”按钮。

⑧ 设置新邮件到达时播放声音。

步骤 1：执行“工具”→“选项”菜单命令，打开“选项”对话框，选择“首选参数”选项卡，如图 5.40 所示。

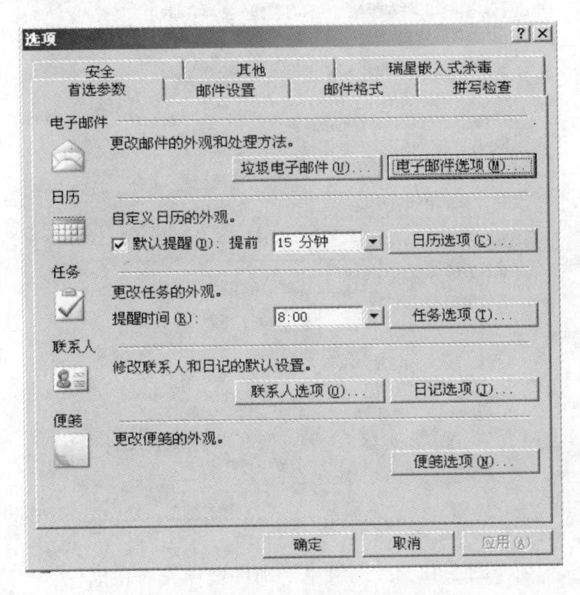

图 5.40　“首选参数”选项卡

步骤 2：单击“电子邮件选项”按钮，出现“电子邮件选项”对话框，如图 5.41 所示。

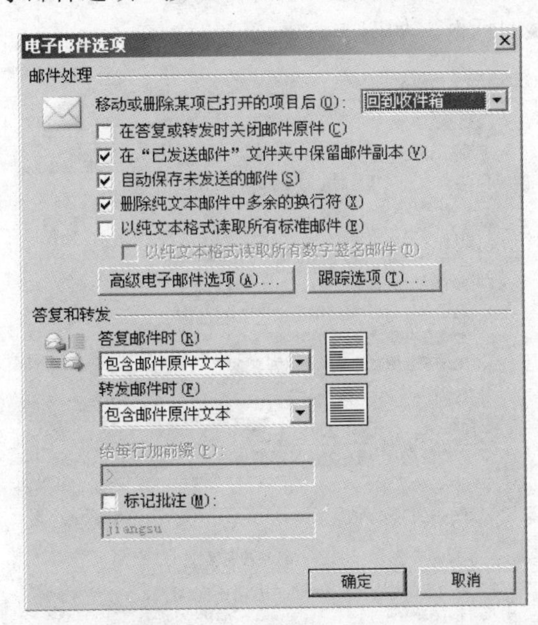

图 5.41　“电子邮件选项”对话框

步骤 3：单击“高级电子邮件选项”按钮，打开“高级电子邮件选项”对话框，如图 5.42 所示。

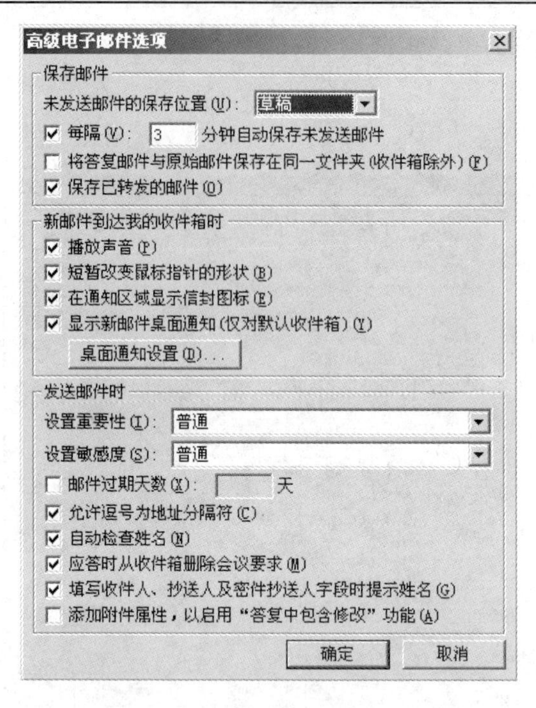

图 5.42　“高级电子邮件选项”对话框

步骤 4：在“新邮件到达我的收件箱时”区域中，选中“播放声音”复选框。单击 确定 按钮，返回“选项”对话框，在对话框中单击“其他”选项卡，接着单击“高级选项”按钮，打开“高级选项”对话框，如图 5.43 所示。

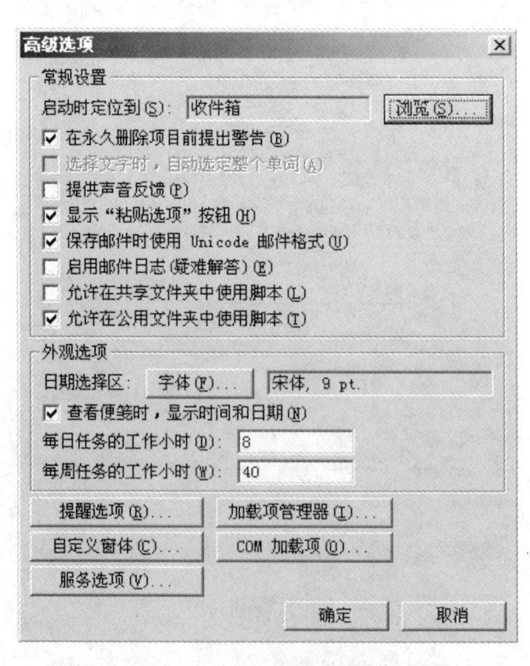

图 5.43　“高级选项”对话框

步骤 5：在“高级选项”对话框中单击“提醒选项”按钮，打开“提醒选项”对话框，如图 5.44 所示。

图 5.44　“提醒选项”对话框

步骤 6：选中“显示该提醒”和“播放提醒声音”复选框，如果要修改默认的提醒声音，可以单击“浏览”按钮选择所需的声音文件。

步骤 7：依次单击 确定 按钮。

7. 拓展训练项目

从网上搜索并下载有关“5 • 12 汶川大地震”的相关资料，发送给你的同学。

要求：

（1）下载的资料包含网页文件、图片、音乐文件；

（2）从网上申请一个自己的邮箱；

（3）使用 Outlook 2003 发送邮件；

（4）邮件至少同时发给 3 个同学。

模拟测试题及答案详解

全国计算机等级考试模拟试题一

（测试时间 90 分钟，满分 100 分）

一、单项选择题（每题 1 分，共 20 分）

1．下列叙述中，错误的是（　　）。

A．把数据从内存传输到硬盘叫做写盘

B．WPS Office 2003 属于系统软件

C．把源程序转换为机器语言的目标程序的过程叫做编译

D．在计算机内部，数据的传输、存储和处理都使用二进制编码

2．十进制整数 86 转换成无符号二进制整数是（　　）。

A．01011110　　B．01010100

C．010100101　　D．01010110

3．冯•诺伊曼在总结研制 ENIAC 计算机时，提出两个重要的改进是（　　）。

A．引入 CPU 和内存储器的概念

B．采用机器语言和十六进制

C．采用二进制和存储程序控制的概念

D．采用 ASCII 编码系统

4．假设某台式计算机的内存储器容量为 256MB，硬盘的容量为 40GB，硬盘的容量是内存容量的（　　）。

A．200 倍　　B．160 倍

C．120 倍　　D．100 倍

5．USB 1.1T 和 USB 2.0 的区别之一在于传输率不同，USB 1.1 的传输率是（　　）。

A．150KB/s　　B．12MB/s

C．480MB/s　　D．48MB/s

6．下列度量单位中，用来度量计算机外部设备传输率的是（　　）。

A．MB/s　　B．MIPS

C．GHz　　D．MB

7．无符号二进制整数 01110101 转换成十进制整数是（　　）。

A．113　　B．115

C．116　　D．117

8．计算机的硬件系统主要包括:运算器、存储器、输入设备、输出设备和（　　）。

A．控制器　　B．显示器

C. 磁盘驱动器　　D. 打印机

9. 计算机系统软件中最核心、最重要的是（　　）。

A. 语言处理系统　　B. 数据库管理系统

C. 操作系统　　D. 诊断程序

10. 计算机上广泛使用的 Windows 2000 是（　　）。

A. 多用户多任务操作系统

B. 单用户多任务操作系统

C. 实时操作系统

D. 多用户分时操作系统

11. 在下列字符中，其中 ASCII 码值最小的一个是（　　）。

A. 空格字符　　B. 9

C. A　　D. a

12. 根据域名代码规定，表示教育机构网站的域名代码是（　　）。

A. .net　　B. .com

C. .edu　　D. .org

13. 现代计算机中采用二进制是因为二进制的优点是（　　）。

A. 代码表示简单，易读

B. 物理上容易实现且简单可靠；运算规则简单，适合逻辑运算

C. 容易阅读，不易出错

D. 只有 0 和 1 两个符号，容易书写

14. 一个汉字的内码和它的国标码之间的差是（　　）。

A. 2020H　　B. 4040H

C. 8080H　　D. A0A0H

15. 根据汉字国标GB 2312—80的规定，存储一个汉字的内码需要用的字节个数是(　　)。

A. 4　　B. 3

C. 2　　D. 1

16. 把用高级语言编写的程序转换为可执行程序，要经过的过程叫做（　　）。

A. 汇编和解释　　B. 编辑和连接

C. 编译和连接装配　　D. 解释和编译

17. 如果删除一个非零无符号二进制偶整数后的一个 0，则此数的值为原来的（　　）。

A. 4 倍　　B. 2 倍

C. 1/2　　D. 1/4

18. 在标准的 ASCII 码中，已知英文字母 A 的 ASCII 码是 01000001，则英文字母 E 的 ASCII 码是（　　）。

A. 01000011　　B. 01000100

C. 01000101　　D. 01000010

19. 随机存储器中，有一种存储器需要周期性的补充电荷以保证所存储信息的正确，它称为（　　）。

A．静态 RAM[SRAM]　　B．动态 RAM[DRAM]

C．RAM　　D．Cache

20. CPU 的主要性能指标是（　　）。

A．字长和时钟主频

B．可靠性

C．耗电量和效率

D．发热量和冷却效率

二、文字录入（共 10 分）

打开 mn1 文件夹下的 wzlr.txt，在 10 分钟内输入以下文字，最后将文件保存。

Windows XP，或视窗 XP 是微软公司最新发布的一款视窗操作系统。它发行于 2001 年 10 月 25 日，原来的名称是 Whistler。微软最初发行了两个版本，家庭版和专业版。家庭版的消费对象是家庭用户，专业版则在家庭版的基础上添加了新的为面向商业设计的网络认证、双处理器等特性。且家庭版只支持 1 个处理器，专业版则支持 2 个。字母 XP 表示英文单词的“体验”。Windows XP 是基于 Windows 2000 的产品，同时拥有一个新的用户图形界面（叫做月神 Luna），它包括了一些细微的修改，其中一些看起来是从 Linux 的桌面环境诸如 KDE 中获得的灵感。带有用户图形的登录界面就是一个例子。

三、Windows 基本操作题（共 10 分）

1．在 mn1 文件夹下的 MING 文件夹中创建名为 HE 的文件夹。

2．搜索 mn1 文件夹下第二个字母是 E 的所有.DOC 文件，将其移动到 mn1 文件夹下的 MING\ HE 文件夹中。

3．删除 mn1 文件夹下 QIAO 文件夹中的 WIN.TXT 文件。

4．将 mn1 文件夹下 BENA 文件夹设置成隐藏和只读属性。

5．将 mn1 文件夹下 XIANG\TAN 文件夹复制到 mn1 文件夹下 MING 文件夹中。

四、Word 操作题（共 25 分）

在 mn1 文件夹下，打开文档 WORD.DOC，按照要求完成下列操作并以该文件名（WORD.DOC）保存文档。

（1）将标题段文字（“奇瑞新车 QQ6 曝光”）的格式进行设置：二号、红色、楷体_GB 2312、居中、加粗并添加着重号。

（2）将正文各段（“日前……期待的力作”）中的中文文字设置为小四号宋体、西文字体设置为小四号 Arial 字体，行距 18 磅，各段段前间距 0.2 行。

（3）设置页面上、下边距各为 4 厘米，页面垂直对齐方式为“居中对齐”。

（4）使用表格自动套用格式的“简明型 1”表格样式，将文中后 6 行文字转换成一个 6 行 2 列的表格，设置表格居中、表格中所有文字中部居中；设置表格列宽为 5 厘米、行高 0.6 厘米。

（5）设置表格第一、二行间的框线为 0.75 磅绿色单实线，设置表格所有单元格的左、右边距均为 0.3 厘米。

五、Excel 操作题（共 15 分）

（1）打开 mn1 文件夹下工作簿文件 EXECEL.XLS，将工作表 Sheet1 的 A1:D1 单元格合并为一个单元格，内容水平居中；计算历年销售量的总计和所占比例列的内容（百分比型，保留小数点后两位）；按递减次序计算各年销售量的排名（利用 RANK 函数）；对 A7:D12 的数据区域，按主要关键字各年销售量的递增次序进行排序；将 A2:D13 区域格式设置为自动套用格式“序列 1”，将工作表命名为“销售情况表”。

（2）选取“销售情况表”的 A2:B12 数据区域，建立“堆积数据点折线图”，标题为“销售情况统计图”，图例位置靠上，设置 Y 轴刻度最小值 5000，主要刻度单位为 10000，分类（X 轴）交叉于 5000；将图插入到表的 A15:E29 单元格区域内，保存 EXCEL.XLS 文件。

六、PowerPoint 操作题（共 10 分）

打开 mn1 文件夹下的演示文稿 yswg.ppt，按照下列要求完成对此文稿的修饰并保存。

（1）对第一张幻灯片，主标题文字输入“太阳系是否存在第十大行星”，其字体为“黑体”，字号为 61 磅，加粗，颜色为红色（请用自定义标签的红色“250”、绿色“0”、蓝色“0”）。副标题输入“‘齐娜’是第十大行星？”，其字体为“楷体 GB 2312”，字号为 39 磅。将第四张幻灯片的图片插入第二张幻灯片的剪贴画区域。将第三张幻灯片的剪贴画区域插入剪贴画“科技”类的“天文”，且剪贴画动画设置为“回旋”。将第一张幻灯片的背景填充预设为“碧海青天”，底纹式样为“斜上”。

（2）删除第四张幻灯片。全部幻灯片切换效果为“向左下插入”。

七、因特网操作题（共 10 分）

（1）接收来自班长的邮件，主题为“通知”，转发给同学小刘，他的 E-mail 地址是 Ironliu9968@163.com。

（2）打开 http://LOCALHOST/myweb/show.htm 页面进行浏览，在 mn1 文件夹下创建一个文本文件“剧情介绍.txt”，将页面中的剧情介绍部分复制到剧情介绍.txt 中保存，并将剧照保存到 mn1 文件夹下，文件名为“Super.JPG”。

全国计算机等级考试模拟试题二

（测试时间 90 分钟，满分 100 分）

一、单项选择题（每题 1 分，共 20 分）

1．世界上第一台计算机 ENIAC 是在美国研制成功的，其诞生的年份是（　　）。

A．1943　　B．1946

C．1949　　D．1950

2．操作系统是计算机系统中的（　　）。

A．主要硬件　　B．系统软件

C．工具软件　　D．应用软件

3．用来存储当前正在运行的应用程序和其相应数据的存储器是（　　）。

A．RAM　　B．硬盘

C．ROM　　D．CD-ROM

4．无符号二进制整数 01001001 转换成十进制数是（　　）。

A．69　　B．71

C．75　　D．73

5．组成计算机系统的两大部分是（　　）。

A．硬件和软件系统

B．主机和外部设备

C．系统软件和应用软件

D．输出设备和输入设备

6．如果一个非零无符号二进制整数之后添加一个 0，则此数的值为原数的（　　）。

A．4 倍　　B．2 倍

C．1/2　　D．1/4

7．已知“装”字的拼音输入码是“zhuang”，而“大”字的拼音输入码是“da”，则存储它们内码分别需要的字节个数是（　　）。

A．6，2　　B．3，1

C．2，2　　D．3，2

8．计算机能直接识别、执行的语言是（　　）。

A．汇编语言　　B．机器语言

C．高级程序语言　　D．C++语言

9．下列度量单位中，用来度量计算机内存空间大小的是（　　）。

A．MB/S　　B．MIPS

C．GHz　　D．MB

10．十进制整数 100 转换成无符号二进制数是（　　）。

A．01100110　　B．01101000

C．01100010　　D．01100100

11. 根据汉字国标码 GB 2312—80 的规定，将汉字分为常用汉字（一级）和非常用汉字（二级）两级汉字。一级常用汉字的排列是按（　　）。

A. 偏旁部首　　B. 汉字拼音字母

C. 笔画多少　　D. 使用频率多少

12. 计算机中，西文字符所采用的编码是（　　）。

A. EBCDIC 码　　B. ASCII 码

C. 国标码　　D. BCD 码

13. 写邮件时，除了发件人地址之外，另一项必须要填写的是（　　）。

A. 信件内容　　B. 收件人地址

C. 主题　　D. 抄送

14. CPU 中，除了内部总线和必要的寄存器外，主要的两大部件分别是运算器和（　　）。

A. 控制器　　B. 存储器

C. Cache　　D. 编辑器

15. 现代计算机技术中，下列不是度量存储器容量的单位是（　　）。

A. KB　　B. MB

C. GB　　D. GHz

16. 计算机操作系统的作用是（　　）。

A. 统一管理计算机系统的全部资源，合理组织计算机的工作流程，以达到充分发挥计算机资源的效率；为用户提供使用计算机的友好界面

B. 对用户文件进行管理，方便用户存取

C. 执行用户的各类命令

D. 管理各类输入/输出设备

17. 在标准 ASCII 码中，已知英文字母 D 的 ASCII 码是 01000100，英文字母 A 的 ASCII 码是（　　）。

A. 01000001　　B. 01000010

C. 01000011　　D. 01000000

18. 传播计算机病毒的两大可能途径之一是（　　）。

A. 通过键盘输入数据时传入

B. 通过电源线传播

C. 通过使用表面不清洁的光盘

D. 通过 Internet 网络传播

19. 设任意一个十进制整数为 D，转换成对应的无符号二进制整数为 B。那么就这两个数字的长度（即位数）而言，B 与 D 相比，（　　）。

A. 数字 B 的位数＜数字 D 的位数

B. 数字 B 的位数≤数字 D 的位数

C. 数字 B 的位数≥数字 D 的位数

D. 数字 B 的位数＞数字 D 的位数

20. 为了使用ISDN技术实现电话拨号方式接入Internet，除了要具备一条直拨外线和一台性能合适的计算机外，另一个关键设备是（　　）。

A. 网卡

B. 集线器

C. 服务器

D. 内置或外置调制解调器

二、文字录入（共10分）

打开mn2文件夹下的wzlr.txt，在10分钟内输入以下文字，最后将文件保存。

Telnet协议是TCP/IP协议族中的一员，是Internet远程登录服务的标准协议和主要方式。Telnet远程登录服务分为以下4个过程：①本地与远程主机建立连接。该过程实际上是建立一个TCP连接，用户必须知道远程主机的IP地址或域名；②将本地终端上输入的用户名和口令及以后输入的任何命令或字符以NVT（Net Virtual Terminal）格式传送到远程主机。该过程实际上是从本地主机向远程主机发送一个IP数据包；③将远程主机输出的NVT格式的数据转化为本地所接受的格式送回本地终端，包括输入命令回显和命令执行结果；④本地终端对远程主机进行撤销连接。该过程是撤销一个TCP连接。

三、Windows基本操作题（共10分）

1. 将mn2文件夹下的ZHEN.FOR文件复制到mn2文件夹下的LUN文件夹中。

2. 将mn2文件夹下的HUAYUAN文件夹中的ANUM.BAT文件删除。

3. 为mn2文件夹下的GREAT文件夹中的GIRL.EXE文件建立名为KSIRL的快捷方式，并存放在mn2文件夹下。

4. 将mn2文件夹下的ABCD文件夹中建立一个名为FANG的文件夹。

5. 搜索mn2文件夹下的BANXIAN.FOR文件，然后将其删除。

四、Word操作题（共25分）

在mn2 文件夹下，打开文档WORD.DOC，按照要求完成下列操作并以该文件名（WORD.DOC）保存文档。

（1）将文中所有错词“绞车”替换为“轿车”。将标题段（“上半年我国十大畅销轿车品牌”）文字进行格式设置：20磅、红色、楷体_GB2312、加粗、居中，并添加蓝色双波浪下画线。

（2）设置正文各段（“新华社北京……75.63%”）为1.2倍行距、段前间距0.5行；设置正文第一段首字下沉2行（距正文0.2厘米）、其余各段落首行缩进2字符。

（3）设置页左、右边距各为2.8厘米。

（4）将文中后11行文字转换成一个11行3列的表格，在表格末尾添加一行，并在其第一列输入“合计”二字，在第二、三列内计算出相应的合计值。

（5）设置表格居中对齐、表格列宽为3厘米、行高0.7厘米，表格中所有文字中部居中对齐；设置表格外框线和第一、二行间的内框线为1.5磅绿色单实线，其余内外框线为0.5磅绿色单实线。

五、Excel操作题（共15分）

（1）打开mn2文件夹下工作簿文件EXECEL.XLS，将工作表Sheet1的A1:D1单元格合并为一个单元格，内容水平居中；计算学生的平均身高并输入C23单元格内；如果该学生身高在160厘米及以上在备注行给出“继续锻炼”信息，否则给出“加强锻炼”信息（利用IF函数完成），将A2:D23区域格式设置为自动套用格式“会计2”，将工作表命名为“身高对比表”；保存EXCEL.XLS文件。

（2）打开工作簿文件EXC.XLS，对工作表“图书销售情况表”内数据清单的内容按主要关键字“经销部门”的递增次序和次要关键字“图书名称”的递减次序进行排序，对排序后的数据进行自动筛选，条件为“销售数量大于或等于300并且销售额大于或等于8000”，工作表名称不变，保存EXC.XLS文件。

六、PowerPoint操作题（共10分）

打开mn2文件夹下的演示文稿yswg.ppt，按照下列要求完成对此文稿的修饰并保存。

（1）在第一张幻灯片前插入一张新幻灯片，幻灯片版式为“文本与剪贴画”，并插入形状为“八边形”艺术字“风雪旅途中的贴心人”（位置水平：2厘米，度量依据：左上角，垂直：8.0厘米，度量依据：左上角），右侧插入第四张幻灯片的图片。第二张幻灯片的版式改为“剪贴画与垂直排列文本”，并将第三张幻灯片的图片移至剪贴画区域。图片的动画设置为“回旋”，文本动画设置为“阶梯状”、“向左上展开”。第三张幻灯片的文本字体设置为黑体、加粗、29磅，蓝色（用自定义标签中红色“0”，绿色“0”，蓝色“250”）。删除第四张幻灯片。

（2）使用“Blueprint”模板修饰全文。全部幻灯片切换效果为“盒状收缩”。

七、因特网操作题（共10分）

（1）向李宁发送一个E-mail，并将mn2文件夹下的文档splt.doc作为附件一起发送出去。具体如下：

[收件人] Lining@bj163.com

[抄送]

[主题]操作规范

[函件内容]“发去一个操作规范,具体见附件”

（2）打开http://localhost/myweb/intro.htm页面，找到汽车品牌“奥迪”的介绍页面，在mn2文件夹下创建一个文本文件“奥迪.txt”，并将网页中的关于奥迪汽车的介绍内容复制到“奥迪.txt”中，并保存文件。

全国计算机等级考试模拟试题一答案及操作步骤详解

一、单项选择题

1. B　2. D　3. C　4. B　5. B　6. A　7. D　8. A　9. C
10. B　11. A　12. C　13. B　14. C　15. C　16. D　17. C　18. C
19. B　20. A

二、略

三、Windows 基本操作题

【操作步骤】

1．打开 D:\mn1 文件夹下的 MING 文件夹，执行“文件”→“新建”→“文件夹”菜单命令，输入文件夹名“HE”，按回车键即可。

2．在窗口中单击工具栏上的“搜索”按钮，在左窗口的“搜索助理”中单击“所有文件和文件夹”，在“全部或部分文件名”文本框中输入“？E*.doc”，“在这里寻找”文本框中选择搜索范围是 mn1，单击“搜索”按钮，如图 1 所示。使用鼠标右键单击右窗口中的 MEN.DOC 文件，执行快捷菜单中的“剪切”命令，打开 mn1 文件夹下的 MING\ HE 文件夹，执行“编辑”→“粘贴”菜单命令。

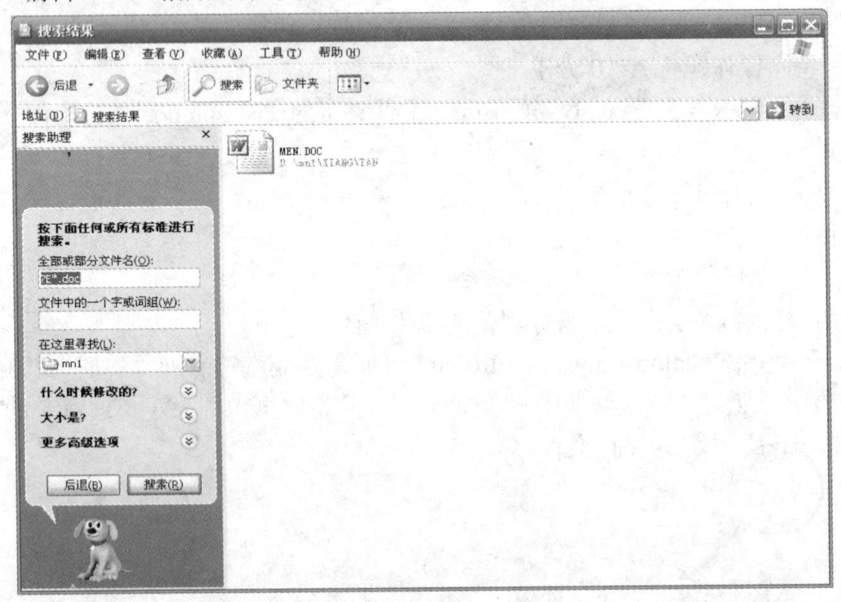

图 1　搜索

3．打开 mn1 文件夹下的 QIAO 文件夹，单击 WIN.TXT 文件图标后将其删除。

4．打开 mn1 文件夹，使用鼠标右键单击 BENA 文件夹图标，在弹出的快捷菜单中执行“属性”菜单命令，在“属性”对话框中，选中“隐藏”和“只读”属性前的复选框，单击 确定 按钮。

5．打开 mn1 文件夹下的 XIANG 文件夹，使用鼠标右键单击 TAN 文件夹图标，在弹出的快捷菜单中执行“复制”菜单命令，打开 mn1 文件夹下 MING 文件夹，执行“编辑”→“粘贴”菜单命令，即可将 TAN 文件夹复制到 MING 文件夹中。

四、Word 操作题

【操作步骤】

（1）打开文档 WORD.DOC，选定标题段文字，执行“格式”→“字体”菜单命令，在“字体”选项卡中设置“字号”为二号，设置“字体颜色”为“红色”，设置“中文字体”为“楷体_GB2312”，设置“字形”为“加粗”，设置“着重号”为“•”,单击 确定 按钮保存设置；选定标题段文字，执行“格式”→“段落”菜单命令，在“缩进和间距”选项卡中设置“对齐方式”为居中，单击 确定 按钮保存设置。

（2）选定正文各段中的文字，执行“格式”→“字体”菜单命令，在“字体”选项卡中设置“字号”为“小四”，设置“中文字体”为“宋体”，设置“西文字体”为“Arial”，单击 确定 按钮保存设置；执行“格式”→“段落”菜单命令，在“缩进和间距”选项卡中设置“行距”为“固定值”，设置值为“18 磅”，设置“间距”的“段前”为 0.2 行，单击 确定 按钮保存设置。

（3）执行“文件”→“页面设置”菜单命令，在“页边距”选项卡中设置“页边距”的上、下各为 4 厘米，在“版式”选项卡中设置“页面”项的“垂直对齐方式”为“居中对齐”，单击 确定 按钮保存设置。

（4）选定文中后 6 行文字，执行“表格”→“转换”→“文字转换成表格”菜单命令，将出现“文字转换成表格”对话框，单击 确定 按钮将文字转换成 6 行 2 列的表格。选定整个表格，执行“表格”→“表格自动套用格式”菜单命令，在“表格自动套用格式”对话框中的“表格样式”项中选择“简明型 1”，单击“应用”按钮。选定整个表格，执行“表格”→“表格属性”菜单命令，在“表格”选项卡中设置“对齐方式”为“居中”，在“列”选项卡中设置“指定宽度”为 5 厘米，在“行”选项卡中设置“指定高度”为 0.6 厘米，单击 确定 按钮。选定整个表格并在选定区域单击鼠标右键，在弹出的快捷菜单中执行“单元格对齐方式”→“中部居中”菜单命令。

（5）选定表格的第 1 行，执行“表格”→“表格属性”菜单命令，在“表格”选项卡中单击“边框和底纹”按钮，弹出“边框和底纹”对话框，在“边框”选项卡中设置“线型”为单实线，“颜色”为绿色，“宽度”为 0.75 磅，“预览”为单击 按钮，单击 确定 按钮保存设置。选定整个表格，执行“表格”→“表格属性”菜单命令，在“表格”选项卡中单击“选项”按钮，弹出“表格选项”对话框，设置“单元格边距”左、右均为 0.3 厘米，单击 确定 按钮保存设置。

经过以上几个步骤，设置好的样文效果如图 2 所示。

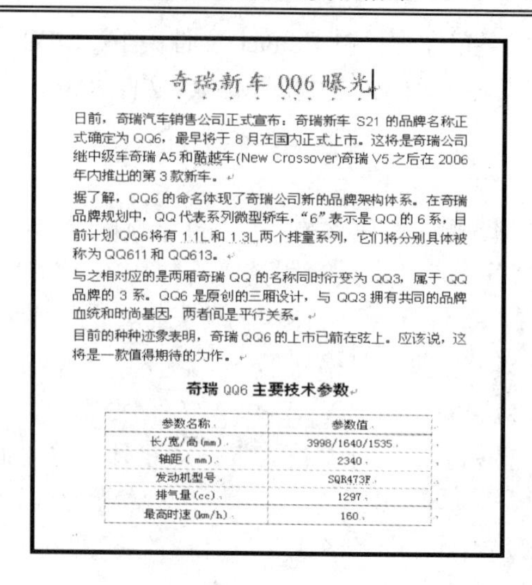

奇瑞新车 QQ6 曝光

日前，奇瑞汽车销售公司正式宣布：奇瑞新车 S21 的品牌名称正式确定为 QQ6，最早将于 8 月在国内正式上市。这将是奇瑞公司继中级车奇瑞 A5 和酷越车(New Crossover)奇瑞 V5 之后在 2006 年内推出的第 3 款新车。

据了解，QQ6 的命名体现了奇瑞公司新的品牌架构体系。在奇瑞品牌规划中，QQ 代表系列微型轿车，“6”表示是 QQ 的 6 系，目前计划 QQ6 将有 1.1L 和 1.3L 两个排量系列，它们将分别具体被称为 QQ611 和 QQ613。

与之相对应的是两厢奇瑞 QQ 的名称同时衍变为 QQ3，属于 QQ 品牌的 3 系。QQ6 是原创的三厢设计，与 QQ3 拥有共同的品牌血统和时尚基因，两者间是平行关系。

目前的种种迹象表明，奇瑞 QQ6 的上市已箭在弦上。应该说，这将是一款值得期待的力作。

奇瑞 QQ6 主要技术参数

参数名称	参数值
长/宽/高(mm)	3998/1640/1535
轴距（mm）	2340
发动机型号	SQR473F
排气量(cc)	1297
最高时速(km/h)	160

图 2　样文

五、Excel 操作题

【操作步骤】

（1）打开工作簿文件 EXECEL.XLS，选定工作表 Sheet1 的 A1:D1 单元格，单击“格式工具栏”中的“合并居中”按钮；单击 B13 单元格，单击“常用工具栏”中的“自动求和”按钮Σ，计算历年销售量的总计；单击 C3 单元格，按［=］键，输入计算公式“B3/$B$13”；选中 C3 单元格，单击右下角的填充手柄，按住鼠标左键，向下拖动鼠标，完成所占比例列内容的计算；选定 C3:C12 单元格，执行“格式”→“单元格”菜单命令，在“数字”选项卡中的“分类”项选择“百分比”，设置“小数位数”为“2”，单击 确定 按钮保存设置。单击 D3 单元格，执行“插入”→“函数”菜单命令，在“插入函数”对话框中“选择函数”为“RANK”，单击 确定 按钮。在“函数参数”对话框中设置“Number”为“B3”，“Ref”为“$B$3:$B$12”，“Order”为“0”，单击 确定 按钮，如图 3 所示。选中 D3 单元格，单击右下角的填充手柄。按住鼠标左键，向下拖动鼠标，完成各年销售量排名的计算。选定 A7:D12 的数据区域，执行“数据”→“排序”菜单命令，在“排序”对话框中设置“主要关键字”为“列 B”，“升序”，单击 确定 按钮保存设置。选定 A2:D13 区域，执行“格式”→“自动套用格式”菜单命令，设置为“序列 1”；双击工作表选项卡 Sheet1，输入“销售情况表”，按回车键即可。

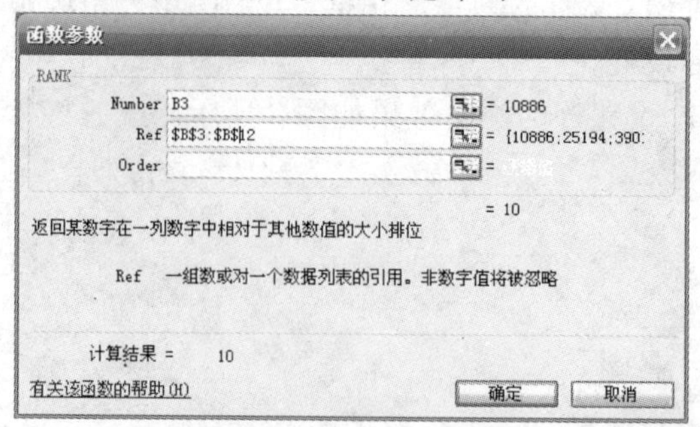

图 3　RANK 函数参数

（2）选取“销售情况表”的 A2:B12 数据区域，单击“常用工具栏”中的“图表向导”按钮，在“标准类型”选项卡中单击“折线图”，在右边的“子图表类型”中单击“堆积数据点折线图”，单击“下一步”按钮，再单击“下一步”按钮，打开“图表向导-4 步骤之 3-图表选项”对话框，在“标题”选项卡中设置“图表标题”为“销售情况统计图”，在“图例”选项卡中设置“位置”为“靠上”，单击“下一步”按钮，打开“图表向导-4 步骤之 4-图表位置”对话框，选中“作为其中的对象插入”单选按钮，单击“完成”按钮，完成图表的插入；将图表拖至 A15:E29 单元格区域内。选定图表，使用鼠标右键单击图表网络线，在快捷菜单中执行“网络线格式”命令，打开“网络线格式”对话框，在“刻度”选项卡“数值（Y）轴刻度”中设置“最小值”为 5000，“主要刻度单位（A）”为 10000，“分类（X）轴交叉于（C）”设置为 5000，单击 确定 按钮保存设置。

单击“常用工具栏”中的“保存”按钮，保存 EXCEL.XLS 文件。

六、PowerPoint 操作题

【操作步骤】

（1）打开演示文稿 yswg.ppt，在第一张幻灯片中单击标题栏，输入“太阳系是否存在第十大行星”，选定标题文字，执行“格式”→“字体”命令，在“字体”对话框中设置“中文字体”为黑体，“字号”为“61”，“字形”为“加粗”；单击“颜色”右侧按钮，单击“其他颜色”，弹出“颜色”对话框，在“自定义”选项卡中设置红色“250”、绿色“0”、蓝色“0”，单击 确定 按钮保存设置；单击副标题文本框，输入“‘齐娜’是第十大行星？”，选定副标题文字，执行“格式”→“字体”命令，在“字体”对话框中设置“中文字体”为楷体 GB 2312，“字号”为“39”；单击第四张幻灯片，右击图片，在弹出的快捷菜单中执行“复制”命令，打开第二张幻灯片，执行“编辑”→“粘贴”命令；打开第三张幻灯片，双击剪贴画区域，插入剪贴画“科技”类的“天文”，单击剪贴画，执行“幻灯片放映”→“自定义动画”命令，在右侧单击“添加效果”→“进入”→“其他效果”，“基本型”为“回旋”；单击第一张幻灯片，执行“格式”→“背景”命令，在“背景”对话框中单击按钮，单击填充效果，在“渐变”选项卡中的“颜色”项单击“预设”按钮，“预设颜色”为“碧海青天”，“底纹式样”为“斜上”，单击 确定 按钮，再单击“应用”按钮并保存设置，如图 4 所示。

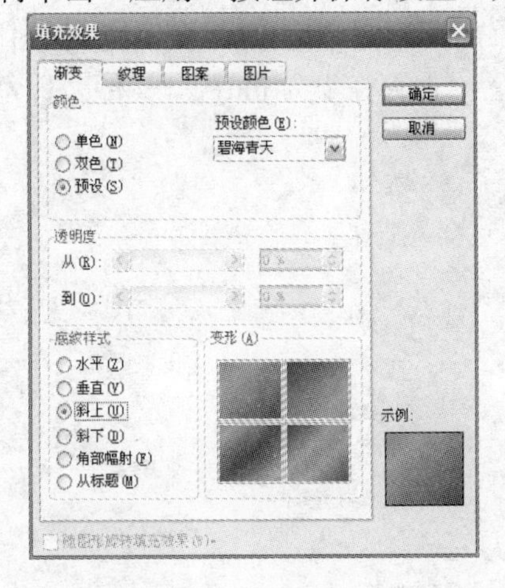

图 4 填充效果

（2）单击第四张幻灯片，执行“编辑”→“删除幻灯片”命令；执行“幻灯片放映”→“幻灯片切换”命令，在“应用于所选幻灯片”中设置“向左下插入”，单击“应用于所有幻灯片”按钮。

单击“常用工具栏”中的“保存”按钮，保存演示文稿 yswg.ppt。

七、因特网操作题

【操作步骤】

（1）打开邮件，单击工具栏中“转发”按钮，弹出如图的窗口。在“收件人”栏输入小刘的 E-mail 地址“Ironliu9968@163.com”，单击“发送”按钮，如图 5 所示。

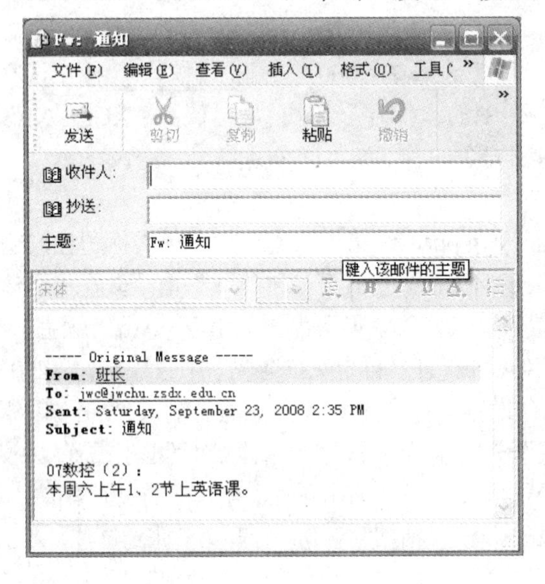

图 5　转发邮件

（2）打开 http://LOCALHOST/myweb/show.htm 网页，选取“剧情介绍部分”内容，执行“编辑”→“复制”命令；打开 mn1 文件夹，创建一个文本文件并命名为“剧情介绍.txt”，打开“剧情介绍.txt”，执行“编辑”→“粘贴”命令。执行“文件”→“保存”命令，将“剧情介绍.txt”进行保存。右击网页中的剧照，在快捷菜单中执行“图片另存为”命令，弹出“另存为”对话框，设置“保存在”为 mn1，“文件名”为“Super.JPG”，单击“保存”按钮。

全国计算机等级考试模拟试题二答案及操作步骤详解

一、单项选择题

1. B 2. B 3. A 4. D 5. A 6. B 7. C 8. B 9. D
10. D 11. B 12. B 13. B 14. A 15. D 16. A 17. A 18. D
19. C 20. D

二、略

三、Windows 基本操作题

【操作步骤】

1．打开 mn2 文件夹，使用鼠标右键单击 ZHEN.FOR 文件图标，在弹出的快捷菜单中执行“复制”命令，打开 mn2 文件夹下的 LUN 文件夹，执行“编辑”→“粘贴”命令，即可将 ZHEN.FOR 文件复制到 LUN 文件夹中。

2．打开 mn2 文件夹下的 HUAYUAN 文件夹，选择 ANUM.BAT 文件图标后将其删除。

3．打开 mn2 文件夹下 GREAT 文件夹，使用鼠标右键单击 GIRL.EXE 文件图标，在弹出的快捷菜单中执行“创建快捷方式（S）”命令；使用鼠标右键单击快捷方式图标，执行快捷菜单中的“重命名（M）”命令，输入新文件名“KSIRL”，按回车键即可；使用鼠标右键单击文件 KSIRL 图标，执行快捷菜单中的“剪切”命令，打开 mn2 文件夹，执行“编辑”→“粘贴”命令。

4．打开 mn2 文件夹下的 ABCD 文件夹，执行“文件”→“新建”→“文件夹”命令，输入“FANG”，按回车键即可。

5．在“资源管理器”窗口中，单击工具栏上“搜索”按钮，在左窗口“搜索助理”对话框中单击“所有文件和文件夹”，在“全部或部分文件名”文本框中输入“BANXIAN.FOR”，“在这里寻找”文本框中选择搜索范围是 mn2，单击“搜索”按钮。单击右窗口中显示搜索到的 BANXIAN.FOR 文件，删除即可。

四、Word 操作题

【操作步骤】

（1）打开文档 WORD.DOC，执行“编辑”→“替换”命令，在“替换”选项卡中设置“替换内容”为“绞车”，设置“替换为”为“轿车”，单击“全部替换”按钮；选定标题段文字，执行“格式”→“字体”命令，在“字体”选项卡中设置“中文字体”为楷体 GB 2312，设置“字形”为加粗，设置“字号”为 20 磅，设置“字体颜色”为红色，“下画线类型”设置为“双波浪下画线”，“下画线颜色”设置为“蓝色”，单击 确定 按钮保存设置；选定标题段文字，单击“格式工具栏”中的“居中”按钮。

（2）选定正文各段文字，执行“格式”→“段落”命令，在“缩进和间距”选项卡中设置“行距”为“多倍行距”，设置值为“1.2”，设置“间距”项的“段前”为 0.5 行，单击 确定 按钮保存设置。选定第一段文字，执行“格式”→“首字下沉”命令，弹出“首字下沉”对话框，“位置”项中单击“下沉”，设置“下沉行数”为 2，“距正文”为 0.2 厘米，单击 确定 按钮保存设置；选定其余各段落，执行“格式”→“段落”命令，在“缩进和间距”选项卡中的“特殊格式”中选择“首行缩进”，设置“度量值”为2字符，单击 确定 按钮保存设置。

（3）执行“文件”→“页面设置”命令，在“页边距”选项卡中设置“页边距”的左、右各为2.8厘米，单击 确定 按钮保存设置。

（4）选定文中后11行文字，执行“表格”→“转换”→“文字转换成表格”命令，将出现“文字转换成表格”对话框，单击 确定 按钮将文字转换成11行3列的表格。鼠标单击第11行任一单元格，执行“表格”→“插入”→“行（在下方）”命令，并在A12单元格输入“合计”，单击B12单元格，执行“表格”→“公式”命令，“公式”项为“＝SUM（ABOVE)”，单击 确定 按钮；单击B13单元格，执行“表格”→“公式”命令，“公式”项为“＝SUM（ABOVE)”，单击 确定 按钮保存设置。

（5）选定整个表格，执行“表格”→“表格属性”命令，在“表格”选项卡中设置“对齐方式”为“居中”，在“列”选项卡中设置“指定宽度”为3厘米，在“行”选项卡中设置“指定高度”为0.7厘米，单击 确定 按钮。选定整个表格并在选定区域单击鼠标右键，在弹出的快捷菜单中执行“单元格对齐方式”→“中部居中”菜单命令。选定整个表格，执行“表格”→“表格属性”命令，在“表格”选项卡中单击“边框和底纹”按钮，弹出“边框和底纹”对话框，在“边框”选项卡中设置“线型”为单实线，“颜色”为绿色，“宽度”为0.5磅，“设置”项选中“全部”，单击 确定 按钮保存设置。选定表格的第1行，执行“表格”→“表格属性”命令，在“表格”选项卡中单击“边框和底纹”按钮，弹出“边框和底纹”对话框，在“边框”选项卡中设置“线型”为单实线，“颜色”为绿色，“宽度”为1.5磅，“预览”项选定，单击 确定 按钮保存设置。

经过以上几个步骤，设置好的样文效果如图6所示。

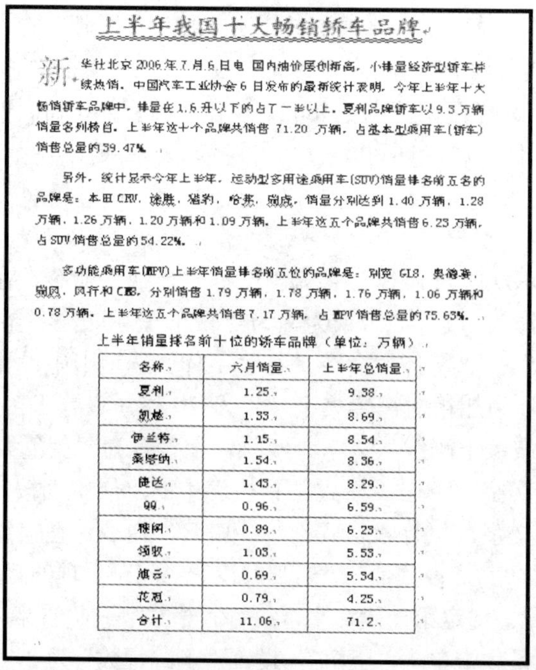

上半年我国十大畅销轿车品牌

新华社北京2006年7月6日电 国内油价屡创新高，小排量经济型轿车持续热销。中国汽车工业协会6日发布的最新统计表明，今年上半年十大畅销轿车品牌中，排量在1.6升以下的占了一半以上。夏利品牌轿车以9.3万辆销量名列榜首。上半年这十个品牌共销售71.20 万辆，占基本型乘用车(轿车)销售总量的39.47%。

另外，统计显示今年上半年，运动型多用途乘用车(SUV)销量排名前五名的品牌是：本田CRV、途胜、猎豹、哈弗、瑞虎，销量分别达到1.40万辆、1.28万辆、1.26万辆、1.20万辆和1.09万辆。上半年这五个品牌共销售6.23万辆，占SUV销售总量的54.22%。

多功能乘用车(MPV)上半年销量排名前五位的品牌是：别克GL8、奥德赛、瑞风、风行和CM8，分别销售1.79万辆、1.78万辆、1.76万辆、1.06万辆和0.78万辆。上半年这五个品牌共销售7.17万辆，占MPV销售总量的75.63%。

上半年销量排名前十位的轿车品牌（单位：万辆）

名称	六月销量	上半年总销量
夏利	1.25	9.38
凯越	1.33	8.69
伊兰特	1.15	8.54
桑塔纳	1.54	8.36
捷达	1.43	8.29
QQ	0.96	6.59
雅阁	0.89	6.23
领驭	1.03	5.53
旗云	0.69	5.34
花冠	0.79	4.25
合计	11.06	71.2

图6　样文

五、Excel 操作题

【操作步骤】

（1）打开工作簿文件 EXECEL.XLS，选定工作表 Sheet1 的 A1:D1 单元格，单击“格式工具栏”中的“合并居中”按钮；单击 C23 单元格，执行“插入”→“函数”命令，在“选择函数”项中选择“AVERAGE”，单击 确定 按钮；在“函数参数”对话框中设置“Number1”为 C3:C22，单击 确定 按钮。单击 D3 单元格，执行“插入”→“函数”命令，在“选择函数”选项中单击“IF”，再单击 确定 按钮；在“函数参数”对话框中设置“Logical-test”为 C3＞＝160.00，“Value-if-true”为“继续锻炼”，“Value-if-false”为“加强锻炼”，单击 确定 按钮保存计算结果，如图 7 所示。选中 D3 单元格，单击右下角的填充手柄。按住鼠标左键，向下拖动鼠标，完成计算；选定 A2:D23 区域，执行“格式”→“自动套用格式”命令，在“自动套用格式”对话框中单击“会计 2”，再单击 确定 按钮保存设置；双击工作表选项卡 Sheet1，输入“身高对比表”，按回车键即可。

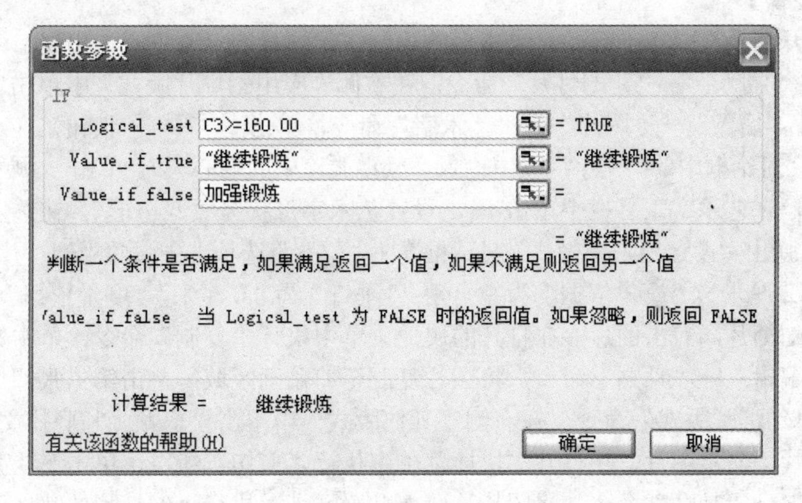

图 7 IF 函数参数

单击“常用工具栏”中的“保存”按钮，保存 EXCEL.XLS 文件。

（2）打开工作簿文件 EXC.XLS，在工作表“图书销售情况表”中单击数据清单中的任一单元格，执行“数据”→“排序”命令，在“排序”对话框中设置“主要关键字”为“经销部门”，按升序排序，“次要关键字”为“图书名称”，按降序排序，单击 确定 按钮保存设置；单击数据清单的任一单元格，执行“数据”→“筛选”→“自动筛选”命令，单击“数量”列右侧的按钮，单击“自定义”，在“自定义自动筛选”对话框中设置“数量”为“大于或等于”、“300”，如图 8 所示；单击“销售额”列右侧按钮，单击“自定义”，在“自定义自动筛选”对话框中设置“数量”为“大于或等于”、“8000”。

单击“常用工具栏”中的“保存”按钮，保存 EXCEL.XLS 文件。

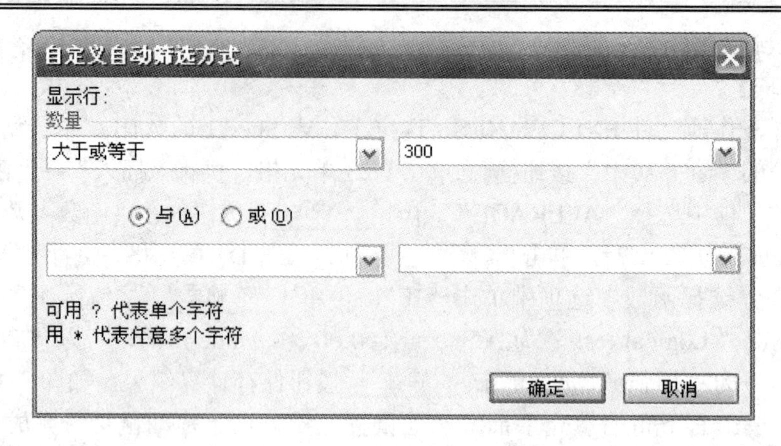

图8 自动筛选

六、PowerPoint 操作题

【操作步骤】

（1）打开演示文稿 yswg.ppt，单击左侧第一张幻灯片的上方位置，出现一条竖线（插入点），执行“插入”→“新幻灯片”命令，在右侧“应用幻灯片版式”中单击“文本与剪贴画”；执行“插入”→“图片”→“艺术字”命令，单击 确定 按钮，在“编辑‘艺术字’文字”对话框中的“文字”项中输入“风雪旅途中的贴心人”，单击 确定 按钮；单击艺术字，在艺术字工具栏中单击，设置艺术字形状为“八边形”；在艺术字工具栏中单击，弹出“设置艺术字格式”对话框，在“位置”选项卡中设置“幻灯片上的位置”为“水平”“2 厘米”，“度量依据”为左上角；“垂直”为 8.0 厘米，“度量依据”为左上角；单击第四张幻灯片，右击图片，在打开的快捷菜单中执行“复制”命令，单击第一张幻灯片，执行“编辑”→“粘贴”命令，将图片复制至剪贴画区域；单击第二张幻灯片，执行“格式”→“幻灯片版式”命令，在右侧“其他版式”中单击“剪贴画与竖排文字”；单击第三张幻灯片，右击图片，在打开的快捷菜单中执行“剪切”命令，单击第二张幻灯片，执行“编辑”→“粘贴”命令，将图片移至剪贴画区域；执行“幻灯片放映”→“自定义动画”命令，单击图片，在右侧单击“添加效果”，选择“进入”，单击“其他效果”，设置为“回旋”；单击文本，在右侧单击“添加效果”→“进入”→“其他效果”，设置为“阶梯状”、“向左上展开”。单击第三张幻灯片选定文本，执行“格式”→“字体”命令，在“字体”对话框中设置“中文字体”为黑体，“字形”为“加粗”，“字号”为“29”，单击“颜色”右侧按钮，单击“其他颜色”，弹出“颜色”对话框，在“自定义”选项卡中设置红色“0”、绿色“0”、蓝色“250”。单击 确定 按钮保存设置；单击第四张幻灯片，执行“编辑”→“删除幻灯片”命令。

（2）执行“格式”→“幻灯片设计…”命令，在右侧“应用设计模板”中单击模板“Blueprint”；执行“幻灯片放映”→“幻灯片切换”命令，在“应用于所选幻灯片”中设置为“盒状收缩”，单击“应用于所有幻灯片”按钮。

单击“常用工具栏”中的“保存”按钮，保存演示文稿 yswg.ppt。

七、因特网操作题

【操作步骤】

（1）打开 Outlook Express，单击工具栏的“创建邮件”按钮，弹出如图 9 所示的窗口。在“收件人”栏输入 Lining@bj163.com，“主题”栏输入“操作规范”，“函件内容”输入“发去一个操作规范,具体见附件”；执行“插入”→“文件附件”命令，在“插入附件”对话框中的“查找范围”项中选择 mn2 文件夹，选择文件 splt.doc，单击“附件”按钮；再单击“发送”按钮。

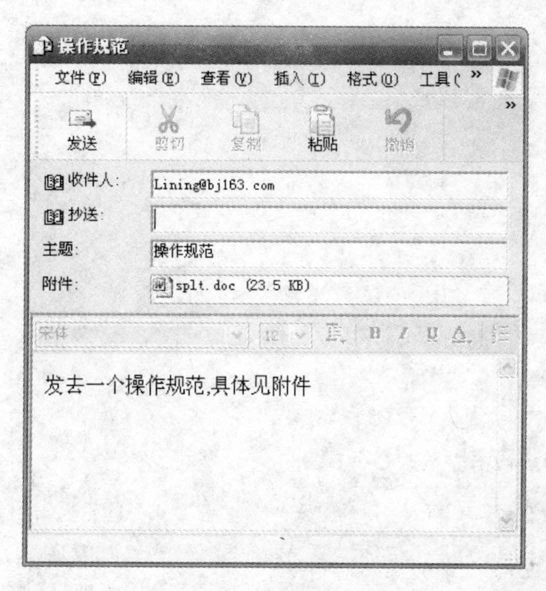

图 9　新建邮件

（2）打开 http://LOCALHOST/myweb//intro.htm 网页，选定汽车品牌“奥迪”的介绍内容，执行“编辑”→“复制”命令；打开 mn2 文件夹并在其下创建一个文本文件并命名为“奥迪.txt，打开“奥迪.txt”，执行“编辑”→“粘贴”命令。再执行“文件”→“保存”命令，将“奥迪.txt”文件进行保存。

《计算机应用基础实训指导》读者意见反馈表

尊敬的读者：

感谢您购买本书。为了能为您提供更优秀的教材，请您抽出宝贵的时间，将您的意见以下表的方式（可从 http://www.hxedu.com.cn.下载本调查表）及时告知我们，以改进我们的服务。对采用您的意见进行修订的教材，我们将在该书的前言中进行说明并赠送您样书。

姓名：________________ 电话：________________

职业：________________ E-mail：________________

邮编：________________ 通信地址：________________

1. 您对本书的总体看法是：

□很满意 □比较满意 □尚可 □不太满意 □不满意

2. 您对本书的结构（章节）： □满意 □不满意 改进意见________________

____

____

3. 您对本书的例题： □满意 □不满意 改进意见________________

____

____

4. 您对本书的习题： □满意 □不满意 改进意见________________

____

____

5. 您对本书的实训： □满意 □不满意 改进意见________________

____

____

6. 您对本书其他的改进意见：

____

____

____

____

7. 您感兴趣或希望增加的教材选题是：

____

____

____

请寄：100036 北京市万寿路 173 信箱高等职业教育分社 收

电话：010-88254565 E-mail：gaozhi@phei.com.cn

反侵权盗版声明

电子工业出版社依法对本作品享有专有出版权。任何未经权利人书面许可，复制、销售或通过信息网络传播本作品的行为；歪曲、篡改、剽窃本作品的行为，均违反《中华人民共和国著作权法》，其行为人应承担相应的民事责任和行政责任，构成犯罪的，将被依法追究刑事责任。

为了维护市场秩序，保护权利人的合法权益，我社将依法查处和打击侵权盗版的单位和个人。欢迎社会各界人士积极举报侵权盗版行为，本社将奖励举报有功人员，并保证举报人的信息不被泄露。

举报电话：（010）88254396；（010）88258888

传　　真：（010）88254397

E-mail：　dbqq@phei.com.cn

通信地址：北京市万寿路 173 信箱

电子工业出版社总编办公室

邮　　编：100036